一本书明白

鹿
高效养殖技术

YIBENSHU
MINGBAI
LU
GAOXIAOYANGZHI
JISHU

任战军　主编

“十三五”国家重点图书出版规划

新型职业农民书架·养活天下系列

山东科学技术出版社　山西科学技术出版社　中原农民出版社
江西科学技术出版社　安徽科学技术出版社　河北科学技术出版社
陕西科学技术出版社　湖北科学技术出版社　湖南科学技术出版社
中原农民出版社　联合出版

图书在版编目（CIP）数据

一本书明白鹿高效养殖技术 / 任战军主编 . —郑州：中原农民出版社，2018.10
（新型职业农民书架）
ISBN 978-7-5542-2006-1

Ⅰ . ①一… Ⅱ . ①任… Ⅲ . ①鹿—饲养管理 Ⅳ . ① S865.4

中国版本图书馆 CIP 数据核字（2018）第 223459 号

一本书明白鹿高效养殖技术

主　编　任战军
副主编　王淑辉　张建勤　刘　燕
编　者　孙秀柱　李安宁　吴　朗　邱　立

出版发行　中原农民出版社
（郑州市经五路66号　邮编：450002）
电　　话　0371-65788655
印　　刷　河南安泰彩印有限公司
开　　本　787mm × 1092mm　1/16
印　　张　12
字　　数　178千字
版　　次　2019年1月第1版
印　　次　2019年1月第1次印刷

书　　号　ISBN 978-7-5542-2006-1
定　　价　68.00元

目录
Contents

专题一
鹿的品种与生物学特性

专题提示

鹿分布很广，主要分布于欧亚大陆和美洲，少数种类分布在非洲北部。我国古生物学家和考古学家在我国发掘的大量中新世至新石器时代的鹿骨、鹿角及用其制作的工具化石表明，我国是鹿类动物的主要发源地之一。

I 梅 花 鹿

一、形态特征

梅花鹿属中型茸用鹿类，体长 100 厘米左右，肩高约 100 厘米。公鹿体型一般比母鹿大，成年公鹿重 120 千克左右，成年母鹿约 70 千克。通常公鹿长角，母鹿不长角。鹿角分 4 个叉，偶尔分 5 个叉。其特点是眉枝不发达，不形成角冠。角的眉枝从主根基部约 5.5 厘米处分生，呈锐角，主干末端再次分生，即大、挺、长。鹿角一般 4 月脱落，6 月新角长出 2 ～ 3 个叉，至配种前完成角的生长，且全部骨化（图 1）。

梅花鹿耳大直立，颈细长；眼眶下有一个非常明显的眶下腺，呈裂缝状，鼻骨细长。四肢修长，主蹄狭尖，副蹄细小；体型矫健，尾巴很短。毛色的基调为黄褐色，背中线黑色，腹面白色，臀部生有白色斑块，尾棕黄色或黑棕色。全身有明显的白色斑点，体背斑点排成两行，体侧斑点自然散布，状似梅花，故名梅花鹿。公鹿颈部有卷曲鬣毛。每年换 2 次毛，夏毛薄、无绒毛；冬毛厚密，保暖性好。

图1 梅花鹿

二、生活习性

梅花鹿常栖息于针阔混交林中，性警觉，活动迅速、敏捷；嗅觉和听觉尤为发达，但视觉较弱。梅花鹿喜集群，幼鹿和母鹿通常 3 ～ 5 只或多达 20 多只结群活动，公鹿常单独活动，冬季多在阳坡背风处，夏季则在近水源的阴坡开阔处或较高的山脊避暑。其食性较广，常以青草、灌木的嫩枝、树叶、嫩树皮和苔藓等为食，且喜舔食含有盐分的泥土，采食高峰期为清晨和黄昏。

梅花鹿一般 8 月末至 10 月发情交配，孕期 7 ～ 8 个月（日本野生梅花鹿为 230 天左右，新西兰野生梅花鹿为 210 天，英格兰野生梅花鹿为 222 天），翌年 5 ～ 7 月产仔，6 月为产仔高峰期。梅花鹿一般一胎一仔，仔鹿出生后第一天多躺卧，第二天就能随母鹿一起活动；哺乳期多为 6 个月（有时可长达 11 个月），1.5 ～ 3 岁性成熟，寿命约为 20 年。

三、品种及其生产性能

（一）双阳梅花鹿

双阳梅花鹿（图2）品种是以双阳型梅花鹿为基础，采用大群闭锁繁殖方法，历经 23 年（1963 ～ 1986 年）培育出的我国和世界上第一个茸用梅花鹿品种，并于 1990 年获得国家科技进步一等奖。品种形成时有鹿 3 725 只，已被引种到我国各地上万只，现存栏 2 万余只。

图 2　双阳梅花鹿

1. 体质外形特征

双阳梅花鹿体型中等，公鹿体躯长方形，四肢较短，胸部宽深，腹围较大，被腰平直，臀圆，尾长，全身结构紧凑结实，头部呈楔形，轮廓清新，额宽平；母鹿后躯发达，头颈清秀。公、母鹿被毛均有两个色型，即棕红色和棕黄色；梅花斑点大而稀疏，被线不明显，臀斑边缘生有黑色毛圈，内着洁白长毛，略呈方形；喉斑较小，呈灰褐色；腹下和四肢内则被毛较长，呈灰白色。冬毛密而长，梅花斑点隐约可见。

双阳成年公鹿体高 106.35 厘米 ±5.13 厘米，生茸期体重 137 千克 ±3.17 千克，越冬期体重 116 千克 ±4.10 千克；成年母体高 91.1 厘米 ±2.62 厘米，体重 75 千克 ±4.12 千克；仔鹿初生重公鹿平均 5.98 千克，母鹿平均 5.28 千克。

双阳公鹿的体长 107.51 厘米 ±4.92 厘米、胸围 117.00 厘米 ±6.01 厘米、胸深 46.73 厘米 ±1 厘米、头长 34.78 厘米 ±1.12 厘米、额宽 15.46 厘米 ±0.26 厘米、管围 11.78 厘米 ±0.19 厘米、尾长 15.62 厘米 ±1.64 厘米、角基距 4.24 厘米 ±0.75 厘米。

2. 生产性能

双阳鹿茸枝条大，质地嫩，含血足，主干粗大，上端丰满，茸毛为棕黄或浅黄，色泽新鲜。

1 ～ 10 锯公鹿鲜茸平均单产为 2.9 千克，产茸最佳年龄为 7 锯。鲜茸重 3.0 千克及其以上的公鹿占 58.2%。公鹿头锯生产标准三叉鲜茸重最高纪录为 4.2 千克，生产二杠型再生茸鲜重 1.05 千克；3 锯公鹿生产标准三叉鲜茸重为 7.3 千克；5 锯公鹿生产一等锯三叉鲜茸重为 8.3 千克；8 锯公鹿三叉锯茸鲜茸重为 15.0 千克。鹿茸的优质率达 70%以上。二等三叉茸的粗蛋白质含量为 52.03%，氨基酸总量为 49.72%。

3. 繁殖性能

育成母鹿受胎率达 84%，繁殖成活率为 71%。成年母鹿受胎率为 91%，繁殖成活率为 82%，双胎率为 2.72%。经产母鹿所产仔鹿初生重为 5.76 千克（公）和 5.62 千克（母）。初产母鹿所产仔鹿初生重为 5.37 千克（公）和 5.18 千克（母）。

4. 遗传特性

双阳梅花鹿茸重性状 22%～23%。体重性状 7.5%～9.3%。初生重 12%～16%。体尺性状变异系数范围 2.1%～11.4%。

3 锯三叉锯茸鲜重遗传力 0.53。重复力 0.67。

双阳公鹿与东辽县母鹿杂交，杂交一代公鹿初角茸单产提高 42.1%，2 岁公鹿平均单产提高 36.3%；双阳梅花鹿与长白山杂交 F1 鲜茸重杂种优势率 5.85%；清原马鹿与东北马鹿杂交 F1 头茬鲜茸重杂种优势率为 31%，呈现了明显的杂种优势。

双阳梅花鹿公鹿生产利用年限为 5.8 年。

双阳梅花鹿具有高产、早熟、耐粗饲、适应性强和遗传性能稳定的特点，具有很高的种用价值。如有计划地引种或采用人工授精方法改良低产鹿群，会有重大效果。若能与西丰梅花鹿或长白山梅花鹿开展二元或三元杂交，与天山马鹿或草原放牧型东北马鹿开展种间杂交，可培育更高产的梅花鹿新品种和茸肉兼用型鹿，将开拓茸鹿杂交优势利用的新领域。

（二）西丰梅花鹿

西丰梅花鹿（图 3）品种是辽宁省西丰县经 24 年（1971～1995 年）选育成功的我国第二个梅花鹿品种，被引种到国内 14 个省、自治区和直辖市达 500 余只，现存栏 1.8 万只。

图 3　西丰梅花鹿

1. 体质外貌特征

西丰梅花鹿体型中等，体质结实，四肢较短而坚实，有肩峰，裆宽，胸围和腹围大，腹部略下垂，背宽平，臀圆。臀斑大而色白，外围有黑毛；尾较长且尾尖生黑色长毛。夏毛多呈浅橘黄色，背线不明显，花斑大而鲜艳，条列性强，四肢内侧和腹下被毛呈一致的乳黄色，很少部分鹿的被毛呈橘红色，其花斑明显。公鹿头短、额宽，眼大明亮，粗嘴巴大嘴叉，角基周正、角基距宽、角基较细，冬季有灰褐色髯毛，大部分卧系。母鹿的黑眼圈、黑嘴巴、黑鼻梁明显。

成年鹿体重和主要体尺见表 1。

表 1　西丰梅花鹿成年鹿体重体尺

成年公鹿			成年母鹿						
体重（千克）	体高（厘米）	体斜长（厘米）	胸围（厘米）	额宽（厘米）	角基（厘米）	体重（千克）	体高（厘米）	体斜长（厘米）	胸围（厘米）
120±10	103±5	105±7	117±4	16±2	5±1	73±7	86±5	91±4	102±4

2. 生产性能

(1)产茸性能　西丰梅花鹿收茸规格主要为三叉锯茸和二杠锯茸；产茸利用年限达 12 年，头茬鲜茸平均单产 3.2 千克，产茸高峰锯龄为 7 锯。

鹿茸生长天数：二杠锯茸的生长天数为 43 天 ±3 天，三叉锯茸的生长天数为 62 天 ±8 天。各锯鹿头茬锯三叉鲜茸平均单产见表 2。

表 2　1～12 锯各锯鹿头茬锯三叉鲜茸平均单产（千克）

锯龄	1	2	3	4	5	6	7	8	9	10	11	12
单产	1.5	2.32	3.0	3.5	3.72	3.7	3.8	3.7	3.5	3.4	3.3	3.0

1～12 锯龄成年公鹿锯茸三叉鲜茸平均单产 3.2 千克，成品茸平均单产 1.123 千克。

西丰梅花鹿锯三叉鲜茸茸尺，见表 3。

表 3　西丰梅花鹿锯三叉鲜茸茸尺（厘米）

主干长度	主干围度	眉枝长度	眉枝围度	嘴头长度	嘴头围度
48±5	15±2	25±5	10±1	16±3	17±3

茸形、茸毛及茸色：茸形呈主干粗、长、上冲，嘴头肥大，眉二间距较大。茸毛较短稀，多呈杏黄色。

成品茸的优质率：一、二等茸占 71%。

茸的鲜、干比：带血三叉锯茸鲜、干比为 2.85 ∶ 1。

成品茸的主要化学成分：含粗蛋白质 68.57%、氨基酸 50.60%，钙、磷比为 1.31 ∶ 1。

（2）繁殖性能　性成熟期公、母鹿均为 14～16 月龄。

初配年龄母鹿为 16～18 月龄，公鹿为 2 锯。

繁殖指标产仔率 95%，仔鹿成活率 92%，繁殖成活率 87.4%。

公、母仔鹿初生重分别为 6.3 千克 ±0.8 千克和 5.8 千克 ±0.7 千克。

3. 遗传性能

三叉锯茸鲜重的变异系数为 18.4%～22.8%。鲜茸重性状的遗传力为 0.49，重复力为 0.63。

4. 生产利用年限

公、母鹿生产利用年限均为 12 年。

5. 选育世代

选育世代为 4 代。

6. 数量规模

（1）品种数量　品种数量 2 924 只（1996 年）。

（2）育种核心群数量　育种核心群数量 789 只，占品种数量的 26.98%。

（三）东丰梅花鹿

东丰梅花鹿（图 4）是在东丰型梅花鹿地方品系（1984）的基础上培育成功的（2003）。中心产区是辽源市东丰县及周边地区，除被引种到本省（吉林省）

各地之外，还被引种到北京、内蒙古、青海等十几个省、市、自治区达 1 万余只。现存栏约 1.5 万只。

图 4　东丰梅花鹿

1. 外形特征

夏毛棕黄色，大白花明显整洁，背线不明显。

2. 生产性能

上锯公鹿平均产鲜茸 3.66 千克，鲜、干比 3.0 ∶ 1，畸形率 9.6%。

3. 繁殖性能

母鹿性成熟 16.5 月龄，公鹿 16 月龄；受胎率 92.9%，仔鹿成活率为 91.1%，繁殖成活率 86.5%。

4. 遗传特性

东丰梅花鹿具有高产、优质、早熟、适应性强、耐粗饲料、遗传性稳定，茸支头大、质地松嫩的特点，在国内外享有较高的声誉。国内人工培育品种中大部分曾引入过东丰梅花鹿。育种方面应保持本类型优选繁育。

（四）兴凯湖梅花鹿

兴凯湖梅花鹿（图 5）源于 20 世纪 50 年代苏联赠送给我国的乌苏里梅花鹿，其品种选育始于 1976 年，于 2003 年 12 月通过国家审定，成为我国人工育成的又一优质梅花鹿品种，现存栏 2 000 余只。

图 5　兴凯湖梅花鹿

1. 体质外貌特征

兴凯湖梅花鹿品种体型较大，体质结实，体躯粗、圆、较长，全身结构紧凑，头较短，额宽平，角基距较窄，眼睛大而明亮有神，鼻梁平直，耳大。胸宽深，背平直，臀圆，四肢粗壮、端正、强健，蹄坚实，尾较短。

成年公鹿：体高 110 厘米 ±5.5 厘米，体（斜）长 10.7 厘米 ±5.2 厘米，胸深 52 厘米 ±2.5 厘米，胸围 119 厘米 ±4.1 厘米，头长 35.5 厘米 ±1.7 厘米，额宽 15.3 厘米 ±0.9 厘米，尾长 17.9 厘米 ±2.7 厘米，管围 11.5 厘米 ±0.5 厘米，角基距 4.9 厘米 ±0.8 厘米，体重 130 千克 ±15 千克。

成年母鹿：体高 97 厘米 ±4 厘米，体长 97 厘米 ±5 厘米，胸深 43.5 厘米 ±1.5 厘米，胸围 108 厘米 ±5 厘米，头长 33.6 厘米 ±1.0 厘米，额宽 13.9 厘米 ±1.4 厘米，尾长 19.1 厘米 ±1.6 厘米，管围 10.1 厘米 ±0.6 厘米，体重 86 千克 ±9 千克。

夏毛背部体侧呈棕红色；体侧梅花斑点较大而清晰，靠背线两侧的排列规整，延至腹部边缘的 3 ～ 4 行排列不规整。腹部呈灰白色。背线呈红黄色，臀斑明显，呈楔形，两侧有黑毛圈，内着洁白长毛。尾背面毛呈黑色，黄尾尖。有灰白色喉斑。距毛部位较高，呈黄褐色。冬毛为灰褐色。

2. 生产性能

（1）产茸性能　鹿茸生长天数：二杠锯茸为 45 天 ±3 天，三叉锯茸为 67 天 ±5 天。平均鲜茸单产见表 4。

表 4　1 ～ 13 锯各锯龄三叉锯鲜茸平均单产（千克）

锯龄	1	2	3	4	5	6	7	8	9	10	11	12	13
单产	1.17	1.78	2.45	2.85	3.10	1.18	3.25	3.58	3.32	2.94	2.81	2.78	2.65

上锯公鹿鲜茸和成品茸平均单产：上锯公鹿的鲜茸平均单产每副 2.644 千克，成品茸平均单产每副 0.942 千克。

茸形：茸根较细，上冲，嘴头呈元宝形，主干粗、圆、短，眉枝短细，眉二间距小。

鹿茸毛色：细毛红地。

茸尺：锯三叉鲜茸的主干长 46 厘米 ±4 厘米，主干围 16 厘米 ±2 厘米，眉枝长 18 厘米 ±3 厘米，眉枝围 12 厘米 ±2 厘米，嘴头长 16 厘米 ±3 厘米，嘴头围 18 厘米 ±3 厘米，眉二间距 22 厘米 ±4 厘米。

成品茸的优质率：三叉锯茸和二杠锯茸合计占 71%。

畸形茸率：为 3.6%。

茸的鲜、干比：为 2.81 ∶ 1。

成品茸的主要化学成分：氨基酸含量为 48.95%，钙、磷比为 1.07 ∶ 1。

茸料比：鲜茸的茸料比（克∶千克）为 5.320 ∶ 1。

（2）繁殖性能

性成熟期：公、母鹿均为 15 ～ 16 月龄。

配种适龄：母鹿为 27 ～ 28 月龄，种公鹿为 4 岁。

发情配种期：每年 9 月中旬至 11 月中旬。

产仔期：每年 5 月上旬至 7 月上旬。

妊娠天数：妊娠天数为 229 天 ±11 天。

仔鹿初生重：公仔鹿的初生重量为 6.1 千克 ±0.8 千克，母仔鹿的初生重为 5.7 千克 ±0.6 千克。

繁殖指标：产仔率为 93%，仔鹿成活率为 89%，繁殖成活率 83%。

3. 遗传性能

（1）数量性状的变异系数　鲜茸重的变异系数为 15.1% ～ 19.3%；1 ～ 12 锯鲜茸尺的平均变异系数为 5.8% ～ 8.1%。体重的变异系数为 10.5% ～ 11.5%；体尺的变异系数为 2.6% ～ 15.1%。

二杠茸生长天数的变异系数为 6.7%，三叉茸生长天数的变异系数为 7.5%。

（2）世代间隔　种公鹿的世代间隔为 6.1 年，种母鹿为 5.1 年，平均 5.6 年。

（3）种用年限　公鹿的种用年限为 7.9 年，母鹿为 4.9 年。

4. 生产利用年限及选育世代

公、母鹿的生产利用年限均为 12 年。连续选育 4 代。

5. 数量规模

（1）品种及育种数量　育种核心群数量 508 只，占 25.1%。

（2）放牧群体的数量规模　放牧公鹿群数量规模为每群 450 ～ 500 只。放牧母鹿群的数量规模为每群 350 ～ 400 只。

（五）敖东梅花鹿

敖东梅花鹿（图 6）2001 年通过品种鉴定。中心产区为吉林省敦化市及其周边地区，存栏约 3.5 万只。

图 6　敖东梅花鹿

1. 外形特征

夏毛浅褐色，斑点均匀而不十分规则，背线不明显。

2. 生产性能

1 ～ 12 锯公鹿鲜茸平均单产 3.34 千克，鲜、干比为 2.76 ∶ 1，茸的畸形率低于 12.5%，成品茸优质率（二杠茸、三叉茸）占 80% 以上；上锯公鹿平均产鲜茸 3.21 千克，鲜、干比 2.75 ∶ 1，畸形率 7.6%。

3. 繁殖性能

繁殖力高，母鹿 16 月龄性成熟，受胎率 97.5%，产仔率 94.6%，产仔成活率 88.68%，繁殖成活率在 82.5% 以上。

4. 遗传特性

敖东梅花鹿具有茸形规整，茸质松嫩，繁殖力和产茸力高，遗传性能稳定等突出特点，可作为种间杂交优良的父本或母本。

（六）四平梅花鹿

图 7　四平梅花鹿

四平梅花鹿(图 7)2002 年通过国家品种审定。主要分布在吉林省四平市及其周边地区，后引种至国内各主要养鹿地区，目前存栏量约 4.8 万只。

1. 外形特征

体型较其他品种略小，成年公鹿体重 95 千克，母鹿 70 千克。夏毛赤红色，少数橘黄色，斑大而稀疏，背线不明显。

2. 生产性能

鹿茸主干粗短，嘴头粗壮上冲，茸质松嫩，多呈元宝形。1 ～ 12 锯公鹿三叉鲜茸平均单产 3.42 千克。三叉锯茸平均优质率 89.3%，二杠锯茸平均优质率 96.2%。公鹿生产利用年限为 10 年。

3. 繁殖性能

具有很高的受胎率和繁殖成活率，平均受胎率为 94.2%，繁殖成活率为 88.5%。

4. 遗传特性

鹿茸鲜重和茸形具有很高的遗传性，表现在鹿茸主干短粗，嘴头粗壮上冲，多呈元宝形，其后裔多稳定遗传此特征。多被用作母本。

（七）长白山梅花鹿

长白山梅花鹿(图 8)是在抚松型梅花鹿的基础上，采用个体表型选择、单公群母配种和闭锁繁育等方法，经过 18 年(1974 ～ 1992 年)选育，在位于长白山脚下的通化县培育成功的新品系，鹿只数 2 500 只。

图 8　长白山梅花鹿

1. 体质外貌特征

长白山梅花鹿体型中等，结构匀称，体质结实，呈明显的矮粗形；公鹿有不太明显的黑鼻梁。公、母鹿夏毛呈无被线的淡橘红色，梅花斑大小适中，但腹缘部位的斑点密圆而大，臀斑边缘生有不甚明显的黑毛圈，喉斑较小，呈洁白或灰白色；冬毛密长、灰褐色。

长白山梅花鹿成年公鹿体高 106.1 厘米 ±11.3 厘米，体重 126.5 千克 ±11.8 千克；成年母鹿体高 87.0 厘米 ±8.3 厘米，体重 81.0 千克 ±6.1 千克；仔鹿初生重公鹿 5.7 千克 ±0.9 千克，母鹿 5.0 千克 ±0.6 千克。

长白山梅花鹿公鹿的体长 105.8±10.5 厘米，胸围 119.8±3.4 厘米，胸深 48.4±1.7 厘米，头长 32.6±2.9 厘米，额宽 15.0±1.3 厘米，管围 16.3±1.6 厘米，角基距 8.2±0.6 厘米。

2. 生产性能

长白鹿茸主干圆，下细上粗，不弯曲，嘴头肥大，眉枝粗长、弯曲小，茸皮多为黄色，茸质致密。

上锯公鹿鲜茸平均单产 3.166 千克。按现行收茸标准（梅花鹿茸一、二等为优质茸），鹿茸优质率为 57.59%。

二等三叉茸的粗蛋白质含量为 53.59%，氨基酸总量为 46.71%。

II 马　鹿

一、形态特征

马鹿（图 9）属于大型茸用鹿，体高 120 ～ 140 厘米。公鹿一般比母鹿大，成年公鹿体重 230 ～ 300 千克，肩高 130 ～ 140 厘米；母鹿体重 160 ～ 200 千克，肩高 120 厘米左右。

马鹿背脊平直；耳大呈圆形；颈长，约占体长 1/3，颈下被毛较长；尾短，四肢长，蹄圆而大。马鹿冬毛厚密，有绒毛，呈灰棕色，颈及身体背面稍带黄褐色；有一黑棕色条纹从额部开始沿背中线向后伸延，幼鹿的这一条纹比较明显。夏毛较短为赤褐色，无绒毛；腹部及四肢内侧被毛呈苍灰色。马鹿的公鹿有角，母鹿无角。在角的基部即分出眉叉，斜向前伸，与主干成直角；主干稍长，稍向后倾斜；第二枝紧接于眉叉后从主干分出，二者间隔甚短；第三枝与第二枝距离较长，主干末端有时再分出两小枝；角基部有一圈小瘤状突起。

图9　马鹿

二、生活习性

马鹿是森林草原型动物，常栖息于针阔混交林、溪谷沿岸林、高山灌丛、疏林草地等环境中。其听觉和嗅觉比较发达，性机警，行动谨慎小心，奔跑迅速。其食性较广，常以各种草、树叶、嫩枝、树皮和果实等为食，喜欢舔食盐碱。一天当中，通常有两个采食高峰，即清晨和黄昏。马鹿喜集群，母鹿和幼鹿常三五成群，多时为10多只；公鹿多单独活动，有时也集成三四只一起活动。发情期间，公鹿加入母鹿群。马鹿一般9～10月发情交配，孕期8个多月（妊娠期为225～262天），每胎1仔，哺乳期约为3个月，3～4岁性成熟，寿命为16～18年。

三、品种及其生产性能

（一）东北马鹿

东北马鹿（图10）俗称黄臀赤鹿，主要分布于东北三省和内蒙古自治区。

图10　东北马鹿

1 ～ 10 锯公鹿三叉茸鲜重平均单产为 4.2 千克左右，最高个体生产四叉茸鲜重 14.65 千克；锯三叉茸生长 72 天 ±7 天，日增鲜重 55 克 ±19 克，日增长度 0.66 厘米 ±0.07 厘米。其茸质结实，单门桩率较低，四叉茸嘴头很小，有的呈掌状或铲形。母东北马鹿一般到 28 月龄时发情受配。成年母鹿繁殖成活率为 47.3%，偶有双胎。妊娠天数为 245 天 ±5 天（公）和 242 天 ±6 天（母）。初生重 11.4 千克 ±2.4 千克（公）和 10.4 千克 ±1.9 千克（母）。4 ～ 6 岁成年公鹿和母鹿 7 月下旬的屠宰率分别为 53.2% 和 50.8%，净肉率分别为 42.5% 和 39.5%，净肉重分别为 96.5 千克和 54.9 千克。

由于东北马鹿适应性强、耐粗饲、茸质结实、有单门桩和黄色茸，所以，可作为与东北梅花鹿种间杂交的父本，或与天山马鹿杂交的母本，具有较强的杂种优势和杂交育种价值。

（二）乌兰坝马鹿

1. 外形特征

大型马鹿，成年公鹿 230 ～ 320 千克，母鹿 160 ～ 200 千克。夏季背部、肢侧被毛呈赤褐色，喉部、四肢内侧被毛苍白色，臀斑淡黄色。冬季背线灰黑色，臀斑橙色。

2. 生产性能

上锯公鹿平均产鲜茸 4.6 千克。

3. 繁殖性能

繁殖成活率达 81.13%，种用年限 15 年。

4. 遗传特性

杂交育种优良亲本。

（三）天山马鹿

天山马鹿（图 11）主产于新疆的昭苏、特克斯和察布查尔等地，俗称青皮马鹿。也产于哈密地区的伊吾、巴里坤草原和木垒等地，俗称黄眼鹿。人工饲养的天山马鹿分布于全国 5 个省以上，以新疆为最多，仅新疆北部数量就达 10 000 只。此外，东北地区以辽宁省为最多。

图 11　天山马鹿

天山马鹿的产茸佳期为 4 ～ 14 锯(3 ～ 13 岁)。1 ～ 10 锯天山马鹿的锯三叉鲜茸平均单产 5.3 千克左右。有相当一部分壮龄鹿能生产鲜重 12.5 ～ 16.5 千克的四叉茸和 3.0 ～ 5.5 千克的三叉型再生茸。

由于天山马鹿性情温驯，耐粗饲，适应性和抗病力强，茸的枝头大，肥嫩上冲，产茸量高，繁殖力强，经济效益好，所以，无论建立高产纯繁育种群，还是用天山马鹿改良东北马鹿，甚至和东北梅花鹿进行种间杂交，其杂种优势率均很高。继续进行级进杂交，再在杂交二代和杂交三代之间进行横交，最后可育成新的类型或品种，具有很高的种用价值。

（四）塔里木马鹿

塔里木马鹿(图 12)是在我国选育成功的第一个马鹿品种，当地称为塔河马鹿，俗称白臀灰鹿、叶尔羌马鹿，东北地区称为南疆马鹿或南疆小白鹿。主要分布在新疆库尔勒，约有 3 万只，引种到东北和湖北、上海、陕西等地约 1 000 只。

图 12　塔里木马鹿

1 ～ 13 岁公鹿平均鲜茸单产 6.56 千克。上锯公鹿成品茸平均单产 2.57 千克。6 ～ 11 岁为产茸佳龄。1 ～ 11 锯鹿的三叉茸平均生长 66 天 ±3 天，日增鲜重 80 克 ±23 克；5 ～ 9 锯鹿的平均日增长度为 0.88 厘米 ±0.55 厘米。种公鹿鲜茸平均单产最高年时达27.72千克。15月龄性成熟。生产利用年龄 3～14岁，个别母鹿达17岁。妊娠期246天。可繁殖母鹿的产仔率达88.7%，其仔鹿成活率为83.9%，繁殖成活率为74.2%。

塔里木马鹿在产地作为纯繁育种的价值很高。引种到外地后，由于适应性差、抗病力弱、对不良环境条件的应激反应较敏感，纯繁的意义不大。但若与东北梅花鹿杂交，获得的一代杂种鹿比东北梅花鹿的净效益大得多，具有明显的杂种优势。在新疆地区用其母鹿与天山公马鹿杂交或在东北辽宁地区用其特级种公鹿与东天一代杂种母鹿杂交，效果尤佳，其杂交后裔的产茸量(如已出现2锯二代杂种公鹿头茬鲜茸产量达10.3千克左右)、繁殖成活率更高，适应性和抗病力得到明显的增强，生产利用年限明显延长，生产经济效益更显著。

（五）阿勒泰马鹿

阿勒泰马鹿(图13)主要分布在新疆阿勒泰地区的哈巴河、布尔津、阿勒泰等县。饲养量从20世纪80年代初期的百余只发展到现在的500余只。90年代初以来，引种到东北地区达100只。1～7锯鲜茸平均单产4.937千克。据记载，一只4岁鹿锯三叉茸干重4.6千克(鲜重13.8千克)。繁殖成活率已达60%。母鹿妊娠期235～262天。产仔旺期到7月中旬。

图13 阿勒泰马鹿

由于对阿勒泰马鹿驯养的代数少和规模尚小，多数鹿年龄尚轻，故对其性能尚不能定论。仅从已知情况看，阿勒泰马鹿可生产肥嫩上冲的大枝头茸，并且性情温驯、耐粗饲，适应性等方面不亚于天山马鹿。当务之急，首先是扩繁母鹿群，显著提高繁殖指标，同时，把多余的壮龄公鹿与天山马鹿(母)或东北马鹿(母)杂交，培育茸肉兼用型品种，再采用草原放牧饲养方式驯养。可见，阿勒泰马鹿是最佳的父本鹿。

（六）清原马鹿

1. 体质外貌特征

清原马鹿体型较大，体质结实，体躯粗、圆、较长，四肢粗壮、端正，蹄坚实，胸宽深，腹围大，背平直，肩峰明显，臀圆，全身结构紧凑，头较长，额宽平，鼻梁多不隆起，眶下腺发达，口角两侧有对称黑色毛斑，角基距较宽。

成年公鹿：肩高 145 厘米 ±9 厘米，胸围 160 厘米 ±5 厘米，胸深 65 厘米 ±4 厘米，头长 55 厘米 ±3 厘米，额宽 20 厘米 ±0.8 厘米，角基距 7 厘米 ±0.5 厘米，尾长 9 厘米 ±1.2 厘米，体重 284 千克 ±60 千克。

成年母鹿：肩高 125 厘米 ±5 厘米，体重 210 千克 ±40 千克。

夏毛被毛为棕灰色，头部、颈部和四肢为深灰色，耳轮周围被毛呈乳黄色，鼻镜部分为黑色。成年公鹿大多数有黑色或浅灰黑色背线。成年公母鹿的臀斑呈浅黄白颜色，臀斑周缘呈黑褐色，冬毛、颈毛发达，有较长的灰黑色髯毛。

2. 生产性能

(1)产茸性能

鹿茸生长天数：三叉与四叉锯茸的生长天数分别是 73 天 ±8 天和 90 天 ±12 天。

平均单产：1 ～ 15 锯，各锯头茬鲜茸平均单产四叉锯茸占 40%，见表 5。

表 5　1 ～ 15 锯各锯头茬鲜茸平均单产（千克）

锯龄	1	2	3	4	5	6	7	8	9	10	11	12	13	14	15
X	5.3	6.8	7.1	8.2	9.0	9.6	10.2	10.5	11.3	11.6	11.9	9.6	8.5	7.9	7.6

上锯公鹿鲜茸及成品茸平均单产：上锯公鹿鲜茸平均单产 8.6 千克，成品茸平均单产 3.1 千克。

茸形：主干粗、圆、上冲，嘴头肥大，眉枝有尖端上弯和向前平伸、粗长 2 种类型，茸枝间距大。

茸毛与茸色：茸毛较密而长，多呈灰黑色，小部分呈黄色。

茸尺：锯四叉鲜茸的主干长 91 厘米 ±12 厘米，围度 20 厘米 ±0.9 厘米；眉枝长 36 厘米 ±8 厘米，围度 14 厘米 ±0.8 厘米；冰枝长 34 厘米 ±9 厘米，围度 13 厘米 ±1.6 厘米；中枝长 30 厘米 ±8 厘米，围度 13 厘米 ±1.5 厘米；嘴头长 12.5 厘米 ±2.3 厘米，围度 24 厘米 ±1.5 厘米。

成品茸的优质度：三叉、四叉、五叉占93%。

茸的鲜、干比为2.77 ∶ 1。

成品茸的主要化学成分：粗蛋白质含量63.71%，氨基酸含量39.61%，钙、磷比0.93 ∶ 1。

（2）繁殖性能

性成熟期：公、母鹿均为16月龄。

配种适龄：母鹿为28～29月龄，种公鹿为3岁。

繁殖指标：受胎率、仔鹿成活率、繁殖成活率分别为85%、80%、68%。

仔鹿初生重：公、母仔鹿的初生重分别为16.2千克±0.9千克、13.5千克±1.5千克。

（3）遗传性能

鲜茸重性状的变异系数：三叉、四叉锯茸稳定在18%～23%。

鲜茸重性状的遗传力和重复力：分别为0.37、0.75，差异极显著（$P < 0.01$）。

（4）生产利用年限　生产利用年限公鹿和母鹿均为15年。

（5）选育世代　选育世代为5代。

（6）数量规模　品种数量3 129只。育种核心群数量656只，占21.0%。

Ⅲ 驯　　鹿

一、形态特征

驯鹿为中型鹿，公鹿一般大于母鹿，成年公鹿体高101～114厘米，体长113～127厘米，体重109～148千克；母鹿体高92～101厘米，体长104～115厘米，体重73～95千克。

驯鹿最大的特点是雌、雄都有角，但母鹿角稍短小。角的各分枝复杂，两眉枝向前，眉枝常呈掌状，并且其中必有一枝稍长或稍短，左右角的枝杈通常不相对称，各分枝均从主干向后分出。公鹿3月脱角，母鹿稍晚，在4月中下旬。

驯鹿头直面长、嘴粗、唇发达，耳较短，似马耳，额凹、眼眶突出、鼻孔大、颈粗短，下垂明显，肩稍隆起，背腰平直如马背，尾短；主蹄大而阔似牛，中央裂线很深，悬蹄大，行走时能触及地面，因此适于在雪地和崎岖不平的道路上行走。其毛似驴，体背毛色夏季为灰棕、栗棕色，腹面和尾下部、四肢内侧为白色；冬毛稍淡，呈灰褐或灰棕色。5月开始脱毛，9月长冬毛。驯鹿性情温驯（图14），故此而得名。

图14　鄂温克人用驯鹿拉雪橇、骑乘和旅游

二、生活习性

驯鹿是北极型动物，耐寒能力很强，畏热、喜潮湿，常栖息活动于寒带、亚寒带森林和冻土地带，在我国主要生活在以针叶林、针阔混交林为主的寒温地带，多群栖。由于食物缺乏，常远距离迁徙。它属于草食性动物，通常以森林中的苔藓植物、地衣，特别是石蕊（也可叫驯鹿苔）为食。喜食柔嫩多汁的食物，不耐粗饲。随着季节变化也吃树木的枝条和嫩芽，如柳树、桦树等，秋季会采食蘑菇，春夏时节也会采食嫩青草、莎草和树叶，在散放条件下可觅食200～300种植物性饲料。

雄驯鹿一般在1～2岁性成熟，4岁时便可配种繁殖；母鹿一般要在2～3岁才达到性成熟，性成熟后便可进行配种。驯鹿的交配行为在9月初到11月末之间进行，妊娠期为225～240天，翌年5～6月产仔，一般每胎1仔，偶有2仔。中国驯鹿一般在每年的9月中旬到10月上旬发情交配，妊娠期为215～218天，翌年5～6月产仔，哺乳期为165～180天。母鹿大约在1.5岁性成熟，公鹿则在2～3岁性成熟，野生驯鹿的寿命一般为4.5～13岁，饲养驯鹿最长寿命达20年。

三、生产性能及应用价值

驯鹿性情温驯，容易驯化，为珍贵的家鹿和野生动物，其茸、肉、乳等均可利用。驯养的成年驯鹿，留茸茬高度20.0厘米左右，其每副成品茸重为0.5千克（公）和0.25千克（母），且茸质松嫩，茸的鲜、干比例很高，茸毛密长。驯鹿的产肉性能较好，成年公鹿的屠宰率为47.4%～52.8%，净肉重为50～80千克；母鹿相应为46.4%～52.4%和40～60千克。驯鹿奶含脂肪高达22.5%，蛋白质为10.3%，乳糖2.4%；而牛奶所含脂肪量为2.8%～4.7%，蛋白质为3.3%～4.1%，乳糖为4.6%～5.6%（Skinner，1961）。高脂肪和高蛋白质是其典型特征，有助于仔鹿的快速生长。驯鹿乳脂肪含量特别高是与其栖息地为近极地气候有关，高脂肪有助于仔鹿快速生长和度过漫长冬季。一个泌乳期内驯鹿可产乳30～84升。驯鹿奶是生活在东北大兴安岭的鄂伦春族人的重要奶源。此外，驯鹿还可用于役用运输及观赏等。

IV 白唇鹿

一、形态特征

白唇鹿（图15）为大型鹿类，体长155～190厘米，肩高120～145厘米，成年体重可达250千克。其头部略长，呈等腰三角形；额部宽平，眶下腺显著；母鹿无角，仅公鹿有角，角形侧扁，又被称为扁角鹿，鹿角分5～9叉，长约140厘米。白唇鹿两脚间距约100厘米；耳尖长，约2.3厘米，尖部略向内变；脖粗长；体躯粗壮；四肢修长，公鹿蹄宽大，母鹿蹄瓣尖而稍窄；尾短，8～12厘米。被毛长而粗硬，有髓心，无绒毛。全身毛色呈黄褐或暗褐色。夏季色浅，冬季色深。四肢内侧、腹部、臀部及尾的毛呈浅黄褐色；颈、背、体躯两侧和四肢外侧呈暗褐或深褐色；下颌、上下唇、鼻端两侧及耳内侧呈纯白色。耳内侧外缘中下部有一条长 5 ～ 8 厘米、宽 2 ～ 3 厘米的黑毛带。臀斑大，边缘毛色深。在腰部背中线上有一个毛旋窝，从毛旋窝到肩部之间有 15 ～ 20 厘米宽的毛向前生长着，此处的毛长达 20 厘米左右。成年鹿在每年 6 ～ 8 月换一次毛。

图 15　白唇鹿

二、生活习性

白唇鹿常栖息于海拔 3 500 米以上的高山灌丛带，其活动上限可达海拔 5 100 米甚至更高的高山裸岩带，是世界上分布海拔最高的一种耐寒鹿类。它适于爬山和山间奔跑，一般多在阳坡活动，夏季喜到高山顶部或灌木丛中，怕热，喜水浴、沙浴、舐盐；冬季到向阳、野草丰富的地方活动。一天当中，夜间和拂晓、黄昏前后活动频繁。其食性较广，采食植物种类达 95 种，其中禾本科和莎草科植物所占比重较大，在草本植物缺乏时也进食部分灌木的嫩枝叶、芽苞等。白唇鹿常营群居生活，除配种期外，成年动物往往雌、雄分群活动于一定的范围内。白唇鹿一年繁殖一次，公鹿约 3 岁、母鹿 1.5 ～ 2 岁性成熟，每年 9 ～ 11 月发情交配，妊娠期为 225 ～ 255 天，翌年 5 ～ 6 月产仔，一般每胎 1 仔，偶有 2 仔。

三、生产性能

白唇鹿是中国特有的珍贵鹿类，其茸形粗大，产茸量较高（仅次于马鹿），茸的药用价值与马鹿相似。1 ～ 10 锯鹿鲜茸平均单产 3.4 千克，最高产量 8 锯 5.2 千克；三叉茸主干长 75 ～ 90 厘米，眉二间距 50 厘米左右，眉枝长 12 ～ 13 厘米。另外，其体格高大，产肉率高；且性情比梅花鹿、马鹿温驯，易驯化和饲养管理，适应性强，耐粗饲，是我国重要的养殖鹿类之一。

V 水　鹿

一、形态特征

图16　水鹿

水鹿（图16）体型较大，大小与马鹿相近。体长150～200厘米，体高约130厘米，体重100～200千克，最大可达300千克。其躯干粗壮，四肢细长。颈长，耳大直立，主蹄大，悬蹄小；尾基部扁阔肥厚，末端尖细，有黑色的长毛；颈、背及体侧的被毛粗硬，腹毛则较软。水鹿全身被毛大部分为栗棕色，从额部开始沿背中线直至尾部有一深棕色的背纹。公鹿在角的基部周围有密生被毛，并伸延至颊及眼圈，其毛尖为黄褐色；耳背的被毛为栗棕色，耳内的呈土黄色，边缘则近白色；臀毛呈锈棕色；四肢外侧有栗棕色的条纹自腿部直至足趾，内侧被毛为黄棕色。水鹿公鹿有角，母鹿无角；水鹿角长在额部的后外侧，并稍向外倾斜，相对的角杈形成“U”形；眉叉短，尖向上与主干间形成一锐角；主干可分枝2次，整个角形成三叉；角基部也有一圈骨质的小瘤状突起。

二、生活习性

水鹿常栖息于较大面积的各种常绿林、阔叶林、混交林、阔叶落叶混交林、灌木草地、山地草坡等环境中，主要在夜间活动，游泳能力很强，喜欢水浴。它是广食性的草食动物，主要以青草、嫩芽、树叶为食，有时也啃食甜槠木树皮、杉树嫩芽，嗜食盐碱土。水鹿野性强，性机警，遇有惊扰时，即刻逃走或边走边发出高尖的警叫声，及时告知同伴避开敌兽。它有集群的习性，但群体不大，常几只或十多只一起活动，集群的成员中成年公鹿较少。水鹿一般在8～10月发情交配，妊娠期约为240天，每胎1仔，哺乳期3～4个月，母鹿约2岁、公鹿约3岁性成熟，最长寿命可达20岁。

三、生产性能

水鹿属茸肉兼用型鹿类，经济价值较高。育成鹿生初角茸，1～10锯鹿锯三叉茸，鲜重平均单产为 1.94 千克左右。水鹿肉也是一种高蛋白、低脂肪、味道鲜美的珍贵补品，成年水鹿的产肉量分别为150 千克（公）和100 千克（母）。水鹿是我国海南、云南、四川等省的重要养殖鹿类之一。

Ⅵ 驼　　鹿

一、形态特征

驼鹿（图 17）是世界现存鹿科动物中个体最大的物种，体长一般 200 ～ 300 厘米，体高约 150 厘米，体重 450 ～ 650 千克，最重可达 1 000 千克。

图 17　驼鹿

驼鹿全身被毛呈棕褐色，无斑点，额前被毛呈黄色；头大而长，眼小而突出，四周围以隆起的眼环；上唇膨大而覆于口前；鼻孔之间有一小块椭圆或三角形的裸区；耳大，长约 35 厘米。颈短粗，上面长有须毛；颈下喉部有较大的下垂肉囊，并生有一撮胡子；肩部隆突比臀部还高，状似驼峰，故名驼鹿。驼鹿四肢长，行走迅速；前后脚各有 4 蹄，但只有中间的主蹄着地；尾短小，仅 7 ～ 10 厘米。雄驼鹿有角 1 对，宽阔而呈掌状，外缘因年龄不同有 3 ～ 6 个分叉。每年初春其角开始脱落，5 ～ 6 月长成茸角，至秋季完全骨质化。

二、生活习性

驼鹿常栖息于亚寒带针阔混交林及次生阔叶林和林缘灌丛等环境中，主要在晨昏活动。

其食性较杂，全年可采食 54 属 70 余种植物，主要采食对象为柳、榛、桦、杨和红松等的嫩枝。此外驼鹿喜欢食盐碱，尤其是在春、夏季节常到盐碱地啃食碱土。驼鹿夏季不集群，多在河湾、河谷沼地，有时还长时间泡在泥沼中，这样既可采食水生植物的根、茎，又可防蚊虫叮咬，避暑纳凉；冬季驼鹿多集群，一般栖息于白桦林和火烧迹地，采食柳条、桦和松树的皮和嫩枝。驼鹿一般 3 岁性成熟，9 月初至 10 下旬发情交配，妊娠期约为 240 天，翌年 5 ～ 6 月产仔，每胎 1 ～ 2 仔，哺乳期 3 ～ 4 个月。

三、生产性能

驼鹿经济价值较高。其体大、肉多，肉、乳均可食用，成年驼鹿可产 200 千克肉，鹿鼻是大兴安岭三大珍品之一。其皮可制革，用作皮衣、皮靴原料；其筋、鞭、胎、茸均可入药。此外，其性情温驯，容易驯化，可拉车、拉雪橇等，也可供观赏，是家鹿新品种中最有前途的候补者。

Ⅶ 坡　　鹿

一、形态特征

海南坡鹿（图 18）体型似梅花鹿，但体型较小，花斑较少，颈、躯体和四肢更为细长，显得格外矫健。它一般体长为 160 厘米左右，肩高 100 厘米左右，公鹿比母鹿大，公鹿体重为 80 ～ 100 千克，母鹿为 40 ～ 70 千克。坡鹿毛被呈黄棕色、红棕色或棕褐色，背中线黑褐色，背脊两侧各有一列白色斑点，仔鹿的斑点尤为明显，成年鹿冬毛斑点不明显。母鹿的毛色略浅于公鹿，个别母鹿身上的毛呈灰褐色。坡鹿仅雄性头部长角，鹿角从主干基部向前上方弧形伸展成眉枝，因此，坡鹿的英文名又称为眉角鹿。角的主干则向后上方弧形伸展，角尖细且无大的分枝，仅在角尖的附近长有短的凸起，鹿角每年更换一次。

图 18　海南坡鹿

二、生活习性

海南坡鹿主要栖息于海拔 30 ～ 70 米、地势平缓的灌木林环境中。它的栖息地主要由低平热带草原、沙生灌丛林和落叶季雨林 3 种植被类型组成。它性喜群栖，但春夏季公鹿往往单独行动，母鹿则组成几只的小群，冬季时聚成较大的群。坡鹿野性较强，站立时前肢直立有力，眼睛注视前方，警觉性高，每吃几口食物便抬头张望，稍有动静便快速狂奔，几米宽的沟壑一跃而过。坡鹿是广食性草食动物，采食植物种类有 200 多种，雨季主要取食禾本科和莎草科的植物，旱季主要取食的食物中则增加了木本植物的嫩枝和嫩芽等。海南坡鹿 1.5 ～ 2 岁性成熟，每年 1 ～ 6 月发情交配，妊娠期约为 8 个月，秋季为产仔高峰期，每胎仅产 1 仔，寿命为 16 ～ 18 岁。

三、生产性能及应用价值

坡鹿公仔鹿 7 个月龄以后生长初角茸。成年公鹿每年 6 ～ 7 月脱盘，7 ～ 9 月为生茸旺期，10 月之前的茸质最佳，成形茸鲜重 1 ～ 2 千克。

总之，海南坡鹿分布范围狭窄、数量稀少，被称为“稀世之宝”，且其具有极高的营养价值和药用价值，鹿茸、鹿筋、鹿鞭、鹿胎、鹿血都是上佳的营养滋补品。因此，发展坡鹿既可保护濒危物种，又可获得良好的经济效益、生态效益和社会效益。

Ⅷ 麋　　鹿

一、形态特征

麋鹿（图 19）是一种大型鹿科动物，体长约 200 厘米，肩高一般大于 100 厘米，成年公鹿体重可达 200 千克，母鹿较小，体重可达 120 千克，因其尾似马而非马，蹄似牛而非牛，角似鹿而非鹿，颈似骆驼而非骆驼，故俗称四不像。

图 19　麋鹿

麋鹿的颈和背比较粗壮，形似骆驼；四肢粗大，主蹄宽大能分开，趾间有皮腱膜，侧蹄发达，适宜在沼泽地行走；尾长，公鹿可达 75 厘米，母鹿可达 60 厘米，长度明显超过其他鹿类，且尾端着生有一丛蓬松的毛。其夏毛红棕色，冬毛灰棕色；初生幼仔毛色橘红，并有白斑，6 ～ 8 周后白斑逐渐消失，4 个月后斑点仅留痕迹。麋鹿仅雄性具角，且角的形态明显不同于其他的鹿科动物。它的角尖朝后而无眉叉，主干离头部一段距离后分为前、后两枝，鹿角倒置后因尖端处于同一平面可稳立不倒，同一麋鹿的角枝左右对称，但是不完全相同。麋鹿角每年生长、脱落一次，脱落时间与其他鹿类明显不同（麋鹿冬季掉角，掉角后开始生长茸角，3 ～ 4 月茸角褪去茸皮，而一般鹿类在春夏掉角）。

二、生活习性

麋鹿是一种栖息于沼泽生境的大型鹿类，最早的麋鹿化石是在早更新世地层中发现的，全更新世中期麋鹿发展达到全盛，广泛分布于我国东部的沼泽地带。其牙齿纤弱，主要以禾草类、苔草类和树叶为食，采食种类达 194 种。春季喜食植物主要有芦苇、佛子茅、鹅冠草、一年蓬、白茅等，夏季主要有狐尾藻、镳草、大茨藻、白英等，秋季有秀竹、稗草、狗尾草等，冬季有雀麦和野胡萝卜等（梁崇岐等，1991）。麋鹿喜集群活动，组群规模和类型因季节、生境不同以及发情与否而有所不同，混合群是半野生麋鹿的主要集群类型（陆军等，1995）。公麋鹿的性成熟年龄为 3 岁，母鹿为 2 岁。母鹿在 5 月末进入动情期，6 月中下旬进入发情高峰期，交配通常出现在 7 月左右。母鹿妊娠期为 250 ～ 315 天，一般为 285 天左右，产仔为 4 ～ 5 月，一般每胎产 1 仔（张光宇等，2007；张树冰等，2010；刘睿等，2011）。仔鹿初生重 12 ～ 13 千克，哺乳期可达 6 个月以上，仔鹿生长发育速度也极快，一般 3 月龄后体重达 70 千克。

三、应用价值及资源现状

麋鹿是我国的稀有物种，不仅具有重要科学和历史文化价值，同时也具有极高的药用价值和经济价值，其肉可食用，其茸、角、骨、脂、皮等是我国的传统中药。截至 1997 年年底，借助于人工补食、圈养繁殖技术，中国引入的麋鹿已经增长到 600 多只，并且已经人工扩散到 10 多个保护区、野生动物园和鹿场，现在麋鹿在中国的分布范围覆盖了麋鹿的历史分布区。目前，全世界麋鹿总数量为 4 000 多只，中国是麋鹿种群发展最快的国家，1986 年时拥有 71 只麋鹿，1994 年达 477 只，1996 年达 638 只，2008 年已超过 2 000 只。

IX 毛 冠 鹿

一、形态特征

毛冠鹿（图 20）别名青麂，体型似鹿，很像黑麂，但额顶部有马蹄形黑色冠毛（黑麂为棕色）。它为小型鹿类，体重一般 15 ～ 28 千克；体毛粗硬、体背毛色大部分为黑褐或棕褐色，额顶有短而硬的簇状毛，面颊、唇周、内耳侧及耳尖灰白色，腹毛浅淡，鼠蹊部、肛周、尾下和后腿内侧白色；无额腺，但眶下腺发达；尾较短。毛冠鹿仅公鹿有角，短小且不分叉，仅 1 厘米左右，隐于毛丛中难以见到，上犬齿较长。

图 20　毛冠鹿

二、生活习性

毛冠鹿野外主要栖息于海拔 1 000 ～ 4 000 米的常绿阔叶林、针阔混交林、灌丛、采伐迹地及河谷灌丛等生境，白天多隐于林内灌丛或竹林中。它通常晨昏活动觅食，独栖。主要采食百合科、杜鹃花科、蔷薇科和虎耳草科植物的幼枝嫩叶，也采食果实、种子等。毛冠鹿约 1.5 岁性成熟，一般秋末冬初发情交配，妊娠期约为 210 天，春末夏初产仔，每胎多为 1 仔。

三、资源现状

毛冠鹿主要分布在北纬 24° ～ 34° 和东经 97° ～ 122° 之间，分布区与亚热带范围基本一致。20 世纪 80 年代初毛冠鹿资源量有 40 万～ 50 万只，其中以四川、湖南及贵州等省最多，约占全国的 76.0%。近年来，由于人类活动对其栖息地的侵犯、干扰以及非法捕猎，毛冠鹿数量受到很大影响。因此，加强对毛冠鹿的人工饲养及繁殖研究，对毛冠鹿这一主产我国的省级重点保护动物具有非常重要的意义。

专题二
养鹿环境及调控技术

专题提示

在自然界中，鹿分布于特定的环境区域，能够健康生长，繁衍生息。鹿家养之后，被圈养在几十平方米的窄小天地里，生活条件发生了巨大变化。科学养鹿就需要了解鹿生存的环境条件和鹿场的建设要求，使养鹿生产环境符合鹿的生物学和行为学习性，有利于发挥鹿的生产潜力，同时对鹿场的发展和经营管理的改善也有重要意义。本章将从养鹿对环境的要求、鹿场的建造及环境调控技术三方面进行阐述。

I 养鹿生产对环境的要求

一、温度

温度对养鹿生产的影响是多方面的，如影响鹿的发情、交配、受精、胚胎成活以及动物产品生产等。环境温度在－10～0℃时采出的鹿精液品质最好，达到优良标准以上的占93.75%；环境温度在20～30℃时不能采出标准的精液。这是由于高温环境下，睾丸升温使精子受损，精子活力会降低。但高温环境下，采精量受影响不大。高温环境条件下，阴囊和睾丸的热调节能力失去作用，使睾丸的生精机能受损，抑制精子的产生，异常精子数明显增多，造成精液品质下降。

鹿对寒冷气温有很大适应，气温在－40～－20℃的情况下均能忍受。当温度过高时可以采用泥浴散热，同时还防蚊虻等侵袭。梅花鹿怕热不怕冷，适宜温度8～25℃，温度升高时，躲在鹿房或树荫下；气温下降到－10～－5℃

时，仍能自由活动，并不影响其采食。马鹿对环境条件要求不高，年平均温度2.8～5.8℃环境即可，在－40℃也可正常生活。适合不同阶段生鹿生长发育的理想温度不尽相同。幼鹿和育成鹿对环境温度反应比较敏感。如果冬季舍内过于阴冷，不但会影响鹿的生长发育，而且易导致鹿发生感冒、肺炎，有的还会造成死亡。影响鹿散热的主要因素包括外界高温、周围物体表面温度高、湿度大、空气不流通、鹿体脂肪多、被毛厚、密集、热天驱赶、密闭的车厢和船舶运输等。因此，在养殖中应加以重视和控制。

二、湿度

鹿舍湿度对鹿的健康和鹿茸生长都有很大的影响。在高湿、高温的情况下，鹿体热散发不出去，容易发生热射病，抵抗力下降，或饲料易发霉变质，容易诱发疾病，影响鹿的健康。在低湿低温的情况下，鹿体耐受能力较强。低湿高温况下，会造成黏膜变干和蹄龟裂，甚至使鹿茸生长减缓。适宜的湿度对养鹿来说，也是非常必要的。为了调节鹿舍环境的湿度，促进鹿茸生长，提高鹿茸产量，鹿圈舍内安装淋浴器，在春夏湿度较低的季节可以人工喷雾，调节鹿舍湿度，从而有利于鹿茸生长和鹿体健康。马鹿年平均相对湿度40%～55%。梅花鹿在生茸期内进行人工降雨增加湿度，结果表明鹿舍相对湿度为49%～71%，经过1小时人工降水后，可提高到59%～81%，鹿茸产量增加175克左右。此外利用塑料大棚覆盖鹿舍改变温度和湿度得到再生茸产量提高310%的结果，但目前国内外还没有确定鹿茸生长最理想的温度和湿度条件。

三、通风

通风可以促使鹿舍内的空气流动，不断提供新鲜空气。鹿舍外的空气通过门、窗、通气口和一切缝隙进行自然交换而发生舍内空气流动；或以通风设备造成舍内空气流动。在舍内，鹿的散热使温暖而潮湿的空气上升，使鹿舍上部气压大于舍外，下部气压小于舍外，则鹿舍上部热空气由上部开口流出，舍外较冷的空气则由下部开口进入，形成舍内外空气对流。舍外有风和采用风机强制通风时，舍内空气流动的速度和方向取决于舍外风速、风向和风机流量及风口位置；外界气流速度越大，舍内气流速度越大。舍内围栏的材料和结构、配置等对鹿舍气流的速度和方向有重要影响，例如用砖、混凝土易导致栏内气流停滞。

四、光照

太阳光对动物的影响很大，一方面太阳光辐射的时间和强度直接影响动物的行为、生长发育、繁殖和健康，另一方面通过影响气候因素（如温度和降水等）和饲料作物的产量和质量来间接影响动物的生产和健康。

光照与鹿茸生长发育关系极为密切。延长光照，促进鹿分泌生长激素、催乳素、肾上腺皮质激素和甲状腺激素，这些激素可促进鹿茸生长。用短光照处理时，性激素对下丘脑和腺垂体负反馈的敏感性降低，导致下丘脑和腺垂体分泌大量的促性腺激素释放素和粗性腺激素，使血浆内雌激素和甲状腺素增加，促进钙和磷的沉积，促使鹿茸骨基质的生长，使鹿茸停止生长并骨化，导致茸角脱落。

鹿类的季节性生长是自然形成的、内在的，与光照长短有关。我国地处温带，大部分地区四季分明，短日照的冬季长达 3 ～ 4 个月。要用人工光源进行补充光照，使圈养鹿有连续 16 小时的光照时间，有利于鹿茸生长。建设鹿舍时，注意鹿舍方位应坐北朝南，冬季利于阳光照入舍内，夏季可防止强烈的太阳辐射。在受到各方面条件的限制，鹿舍不能采用南向时，可以偏东南 15° ～ 30°，但应尽量避免朝向偏西或偏西南。年日照时数保持 2 600 ～ 3 000 小时。光照、温度和湿度对鹿茸的生长有一定影响，日照长、温度、湿度适宜时鹿茸生长较快。

五、噪声

在自然界中，鹿是中大型肉食动物的捕食对象，也是人类狩猎的目标。鹿本身没有防御武器，逃跑是避敌的唯一方法。这使鹿的听觉、视觉、嗅觉等感觉器官异常敏锐，反应灵活，警觉性高，奔跑速度快，跳跃能力强。因此，鹿喜欢安静的环境。建造鹿场时应选在远离闹市和噪声较大的区域。

噪声对动物的影响也很大，可使动物血压升高、脉搏加快，也可引起动物烦躁不安、神经紧张。严重情况下，可以引起鹿群产生强烈应激反应，诱发鹿生病，或圈内乱跑、相互冲撞，导致死亡。建议噪声白天不要超过 55 分贝，夜间不超过 45 分贝。

六、绿化

植物在自然界的作用很重要，在动物的生活中也有着不可替代的地位。在建厂时应规划出足够的地方来进行绿化，绿化带的作用是极其重要的。

Ⅱ 鹿场建造与设备

一、鹿场选址与布局

鹿舍是鹿采食、饮水、运动、产仔哺乳和休息的场所，具有防止逃跑，冬避风雪严寒、夏遮风雨烈日的作用，主要由棚舍与运动场组成。棚舍内设有寝床，运动场内设有饲槽和水槽等设施。鹿舍设计时，应充分考虑在鹿的生物学特性的基础上，以满足鹿生长发育的需求为原则，兼顾经济耐用（图 21）。

图 21　鹿场俯瞰

（一）场址的选择

1. 地形、地势、土壤和气候条件

鹿野性较强，好动，所以地形上要求平坦开阔，有足够面积，除了建设鹿舍及其他相关设施外，还应有足够的运动场地。

2. 水源条件

鹿一般采用自由饮水，饮水量与饲料、气候及饲养方式有关。总的来说，马鹿的饮水量大约为体重的 1/10，梅花鹿的饮水量略小于这个比例。饮水温度对鹿影响很大，冷水能刺激饮欲，满足口渴，但冬季饮用冷水能使鹿消耗体热，降低抵抗力，迫使鹿多采食饲料，这一点对老弱鹿的影响尤为明显，鹿在激烈运动之后饮用冷水也大为不利，冷水不仅能使消化道温度下降，而且还使其他器官温度下降，引起血液循环障碍，造成病理过程。特别是在配种期，因公鹿争偶互相角斗后，应防止其仓促引入大量冷水，从而导致坏疽性肺炎。过于温热的水对鹿也不利，能降低消化器官的抵抗力。鹿的饮水温度在 2 ～ 12℃。

3. 饲料条件

鹿饲养一般是放牧和舍饲相结合，以粗饲料为主，适当补充精饲料，所以鹿场内或附近最好有足够的草地和饲料来源。以梅花鹿为例，一只梅花鹿每年大概需精饲料 300 ～ 400 千克，粗饲料 1 200 ～ 1 500 千克。如果完全舍饲，需打草场 5 ～ 10 亩，饲料地 0.5 ～ 1 亩，青绿多汁饲料地 0.5 亩；放牧则需 20 亩左右草地，而马鹿采食量是梅花鹿的 2 ～ 3 倍。因此在选择鹿场前，必须了解该地的饲料状况，以免造成饲料供应困难，影响鹿场发展。鹿场应有足够的土地和巩固的饲料基地，饲料来源充足，能保证供给各季所需的各种饲料。山区、半山区、草原区要有足够的放牧场，农区要有种植饲料的可垦荒地，并能按时收购到各种农副产品（如秸秆等）饲料。按舍饲与放牧相结合的驯养方式，平均每年每只茸鹿所需草场与耕地面积，见表 6。

表 6　一只鹿所需饲料地面积（亩）

种类	放牧地采草场		耕地	
	山区	草原	精饲料	青绿多汁料
梅花鹿	5.0 ~ 7.5	7.5 ~ 10	0.5 ~ 0.8	0.4 ~ 0.6
马鹿	10 ~ 15	20 ~ 30	1.2 ~ 2.4	1.5 ~ 1.8

4. 交通电力条件

鹿胆小怕惊，要求环境安静，因此鹿场不可建在闹市或交通路边，但又要求交通便利，便于和外界沟通。因此，建场地点应选择距公路 1.0 ～ 1.5 千米、距铁路 5 ～ 10 千米为宜，以便于设备、饲料的供应及产品的发送，工人生活必需品的采购；同时鹿场应距电源较近，电力充足，以备生产、生活之用。

5. 社会环境

鹿场应选择在远离居民区的地方，周围不应有化工厂、工矿企业、制鞋厂、屠宰厂、鹿牧场、猪场、牛场，以免噪声及水源、空气污染，更不要在牛、羊传染病污染过的地方或鹿牧场址上建场。鹿场应在居民区下风向、下水向 3 千米以上，避开居民区污水排放，以免复杂环境对鹿群惊扰或疾病传染。

6. 经济条件

选择建设鹿场时，还应考虑当地经济条件，如鹿产品的消费如何，当地劳动力资源是否充足、廉价等。

（二）场内布局

1. 场区划分

一个规模化的标准专业养鹿场应具备养鹿生产区、辅助生产区、经营管理区和职工生活区。养鹿生产区建筑包括鹿舍（如仔鹿圈、育成圈、分娩圈、成鹿圈等）、精饲料成品库、饲料加工库；辅助生产区建筑包括农机具库、役鹿舍及其他劳动用具库；经营管理区建筑包括办公室、物资仓库、集体宿舍、食堂、招待所等；职工生活区建筑包括职工住宅楼、学校、医院、幼儿园、商店等。根据上述原则，鹿场布局时，东西宽敞的场址按职工生活区、经营管理区、生产区、粪便处理区依次由西向东或东南排列，南北狭长的场地则应自北向南或西南依次排列。生产区设在管理区的下风处和较低处（图 22）。

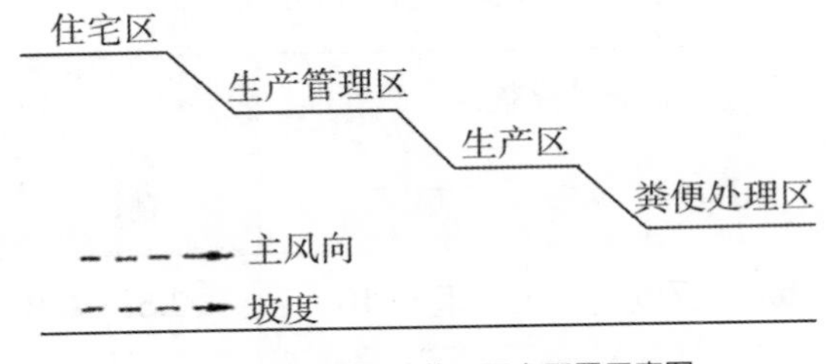

图 22　鹿场各区依地势、风向配置示意图

2. 主要建筑布局

鹿场一般应是东西宽、南北窄的长方形，场内 4 个区相互分开，由西向东平行排列，依次为住宅区、管理区、辅助区和养鹿区。通往公路城镇的主干道应直通生活管理区，不能先经住宅区而进入管理区；同时，应有道路不经过住宅区直接进入养鹿区，用于运送饲料，运出产品。养鹿区内以鹿舍为中心分列排布，鹿舍周围布置饲料加工室、青贮窖、饲料库等，以便生产过程中方便。其中养鹿区和其他区最好用围墙完全隔开，间隔在 200 米以上（图 23）。这样安排，可使养鹿区产生的不良气味、噪声、粪尿、污水不因风向和地面流径而污染居民生活环境，避免因疾病出现而使疫病蔓延，防止住宅区生活用水经地面流入养鹿区。

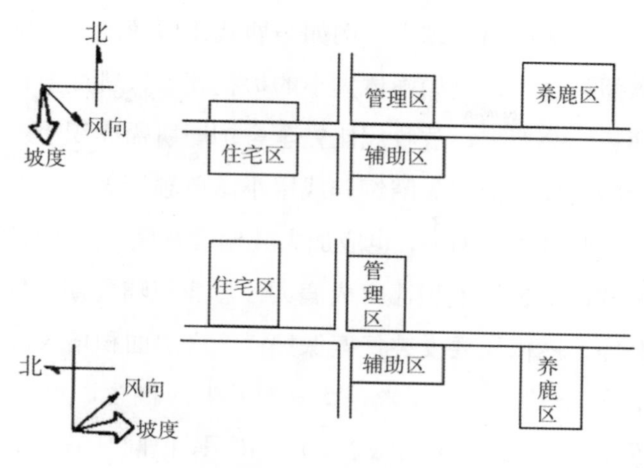

图23　鹿场建筑布局

鹿舍应正面朝阳，运动场设在南面，向阳避风，保证温暖、干燥、阳光充足，各鹿舍间有宽敞的道路，以便管理人员进出及拨鹿、驯化、转群使用；精饲料库、加工室、储料室应以方便加工、取用为原则，大小适宜，方向适当。青贮窖、干草垛要处于鹿舍的高处，有一定距离，以便于防火和防粪尿污染。粪场应处于生产区的最低处的下风向，且与鹿舍有50米以上的距离，以防污染水源、饲料及传播传染病；兽医室、隔离室应处于鹿场下风口，与鹿舍有50米以上距离，以防传染疾病。如果鹿是舍饲与放牧结合，则舍内应设有直通放牧道。

二、鹿舍类型与鹿圈建造

（一）鹿舍的设计

1. 鹿舍种类和面积

鹿舍依据其用途可分为以下几种：

（1）公鹿舍　主要用来饲养种用和茸用公鹿。

（2）母鹿舍　主要用来饲养繁殖用的妊娠或空怀母鹿。

（3）育成舍　主要用来饲养断乳以后、配种以前的青年鹿，依其饲养性别不同，又可分为公鹿舍和母鹿舍2种。

（4）仔母舍　用来饲养处于哺乳期的母鹿、仔鹿。

（5）病鹿舍　用来隔离饲养鹿群中患病鹿，其一般应与其他棚舍分开，靠近兽医室，便于治疗。

鹿舍面积是指圈舍运动场和圈内通道两部分面积之和，它与所养鹿的种类、性别、饲养方式、年龄、经营管理体制、利用价值、生产能力有关。一般来说，鹿的个体越大，单只所需面积越大，例如马鹿就比梅花鹿所需面积大；鹿的性格越活泼，所需面积越大，例如同体大小的梅花鹿就比驯鹿所需面积大；相同品种母鹿所需面积比公鹿大，放牧鹿比完全舍饲鹿所需面积小；种用价值高和生产能力高的壮龄公鹿，应用大圈饲养或用小圈单独饲养；对北方冬季气候较冷的地区或夏季光照过强的南方，也应加大其棚舍宽度；公鹿长茸期和配种期，性格莽撞，好争斗，故占用面积比育成鹿大；母鹿在哺乳期与仔鹿同圈，配种期圈内增加种公鹿，圈内还要安装仔鹿保护栏，产房面积增大。

一般而言，一个长 14 ～ 20 米、宽 5 ～ 6 米的棚舍，可饲养梅花鹿母鹿 20 ～ 30 只，或公鹿 15 ～ 20 只或育成鹿 30 ～ 40 只，但同时需一个长 25 ～ 30 米、宽 14 ～ 20 米的运动场，而同样大小的棚舍，可养 60 ～ 80 只离乳仔鹿，但需加大运动场；一般而言，运动场面积是棚舍的 2.5 倍左右。圈养或放牧梅花鹿每只平均占用面积见表 7。圈养鹿每只平均占用面积参考表 8。马鹿的棚舍一般长 20 ～ 30 米、宽 5 ～ 6 米，其运动场长 30 ～ 35 米、宽 20 米，可养公鹿 10 ～ 15 只，或空怀母鹿 15 ～ 20 只，或育成鹿 20 ～ 30 只。

表 7　梅花鹿占用面积（米^2）

类别	圈养		放牧	
	棚舍	运动场	棚舍	运动场
梅花公鹿	2.1 ~ 2.5	9 ~ 11	1.4 ~ 1.7	6 ~ 8
梅花母鹿	2.5 ~ 3.0	10 ~ 12	1.5 ~ 1.8	7 ~ 9
梅花育成鹿	1.8 ~ 2.0	8 ~ 9	1.1 ~ 1.5	5 ~ 6

表 8　鹿舍建筑面积（米^2）

类别	梅花鹿		马鹿	
	圈舍	运动场	圈舍	运动场
公鹿	2 ~ 2.5	9 ~ 11	4	21
母鹿	2.5 ~ 3	11 ~ 14	5	26
育成鹿	1.5 ~ 2	7 ~ 8	3	15

2. 采光与通风

鹿舍内光线要充足，以利于其生长，所以现在采用的圈舍形式一般是屋顶为人字形，左、右、后三面围墙的蔽圈，前面无墙壁，仅有圆形水泥柱，房前檐距离地面 2.1 ～ 2.2 米，后檐离地面 1.8 米左右，棚舍后墙留有后窗，以利通风。冬季堵上，春、夏、秋季打开。其围墙与其他鹿舍不同，要求坚固耐用，一般可用砖墙、石墙、土墙、铁栅栏等，但一般提倡使用石座砖墙，即下部底座为石墙，明石高 30 ～ 60 厘米，上砌实砖 1.2 米，以上为花砖墙。墙高：外墙高 2.1 ～ 2.2 米，内墙高 1.8 ～ 1.9 米，厚 37 ～ 40 厘米，墙的勒脚设防潮层，柱脚用水泥柱，沿外墙四周挖排水沟，使勒脚附近地面积水能迅速排除。屋顶要求遮阳不漏雨，泥瓦、水泥瓦、石棉瓦、塑料瓦皆可。

根据当地的地理位置和气候条件，合理利用太阳光确定鹿舍朝向，对鹿舍的温度和采光有很大影响。我国位于北纬 20° ～ 50° ，太阳高度角冬季小、夏季大，所以鹿舍采取南向，冬季有利于阳光照入舍内，而夏季可防止强烈的太阳辐射。在收到各方面条件限制，鹿舍不可能采用南向时，可以偏东南 15° ～ 30° ，应尽量避免鹿舍的朝向偏西或西南。

3. 鹿床与运动场地

鹿舍内地面较舍外运动场要略高一些，因此叫作鹿床。鹿床与运动场的好坏，很大程度上决定了鹿舍的空气环境和卫生状况，从而影响鹿的生长发育、健康状况及生产力高低。对鹿舍的鹿床和运动场地面基本要求是：地面坚实平坦，有弹性，不硬，不滑，温暖，干燥，有适当坡度，易排水，易清扫消毒。

鹿床地面要求从后墙根到前檐下略有缓坡，但坡度不可过大。鹿床北方多采用砖铺地面，南方则宜用水泥地面，这种地面平整易排水和清扫，但对鹿蹄有一定磨损，且夏热冬凉，所以地面冬季要铺足褥草，鹿床前檐最低点比运动场高 3 ～ 6 厘米，以利于排水和防止雨水回流。运动场要求地面干燥，土质坚实，如不符要求，可用三合土、素土夯实，上铺大粒沙或风化沙即可，若地势低洼，土质黏重，则可将表土铲除，铺垫 20 厘米厚碎石，铲平压实，再铺 20 ～ 30 厘米厚粒沙，也可中间铺石板，四周铺风化沙。

4. 排水与防风

由鹿舍鹿床经运动场、走廊到粪尿池及围墙四周都要有排水沟，通道两边各设一道砖或水泥结构排水沟，宽 45 厘米，深 60 厘米，盖上石板盖，通向粪尿池。在走廊（通道）的一边，即后栋鹿舍的前墙（围墙的墙角），再开一条同样规格直通粪尿池的水道（图 24）。

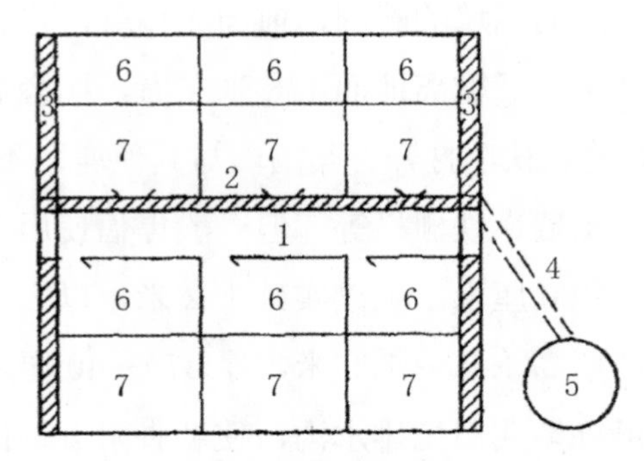

图 24　鹿场排水系统

1. 走廊　2. 走廊内水沟　3. 鹿舍及运动场水沟

4. 通向粪池的暗道　5. 粪池　6. 鹿舍　7. 运动场

5. 运动场

在鹿舍四周要建有比较坚固的围墙，有些鹿场为木杆围墙，必须坚固，防止暴风雨时被刮倒；围墙一般高 2 ～ 2.5 米，可防止鹿逃跑，又可防风，有条件的地方可用预制水泥板或水泥柱修建围墙，如果墙体较矮，可在墙外密植树木，也可起到防风、遮阳作用。

6. 通道与圈门（图 25）

（1）走廊　鹿舍运动场前壁墙外一般设有 3 ～ 4 米宽的横道，供平时拨鹿、驯鹿及出牧时用，也是防止跑鹿、保障安全生产的防护设备，通道两端设 2.5 ～ 3.0 米宽的大门。

（2）腰隔　在母鹿舍和大部分公鹿舍寝床前 2 ～ 3 米的运动场上要设置腰隔，用于拨鹿，即来时打开，拨鹿时关闭，与运动场分开，使圈棚与运动场间形成两条道路。腰隔可为活动的木栅栏，也可以是固定的花砖墙，但必须在两侧和中间设门。

（3）圈门　为了便于拨鹿和管理，圈舍运动场须设有多个门。在运动场前墙的终端开鹿舍正门（前门），高 1.8 ～ 2.0 米，宽 1.5 ～ 1.7 米。运动场之间的旁门，开在离运动场前墙 5 米左右的围墙段。鹿舍（圈棚）之间的旁门开在隔墙的中间，宽 1.3 ～ 1.5 米，高 1.8 米。前栋鹿舍每 2 ～ 3 个鹿舍留一后门，通向后栋鹿舍的走廊，此门供拨鹿或饲养适用，规格同上。门材料最好用铁制空管（圆形的最好）制成，再用防锈漆涂抹，使之耐用。无论管材或板材，门的下面 1 米做成实的，上面做成条状的，这样既省材料，又减轻门的重量，便于启闭，还便于观察舍内情况。

图 25　鹿圈舍

三、鹿场机械与设备

（一）饮水槽

铁制，容积规格为长 1.5 米、宽 0.6 米、高 0.3 米，并有加温设备，成年鹿饮水槽上沿距地面 0.7 米，幼鹿饮水槽上沿距地面 0.4 米。

（二）饲料槽

砖石结构，水泥挂面或木制槽，规格为长 10 米、宽 0.7 米、高 0.3 米，成年公鹿饲槽上沿距地面 0.6 ～ 0.7 米，母鹿及育成鹿饲槽上沿距地面 0.4 ～ 0.5 米，每舍一槽。

（三）喷淋设备

两舍间墙壁上安装喷头，在夏季炎热天气，实行人工喷淋降雨。秋季气候干燥时，可采用喷淋降雨以减少舍内飞尘，净化舍内空气。

（四）暖圈

北方地区应对老、弱、病鹿冬季实行大棚暖圈饲养，圈舍面积为成年公鹿

4 米 ^{2}/ 只，成年母鹿 3 米 ^{2}/ 只，幼鹿 2 米 ^{2}/ 只，并具有一定高度，同时设有排风口。

（五）保定设备

具有一定规模的养鹿场应设置鹿保定设备及麻醉保定药品，以便收茸、产仔助产、鹿病治疗及鹿运输等。

四、鹿场的其他主要设备

（一）粗饲料棚

它主要用于储存干树叶、豆荚皮、铡短的玉米秸秆、鲜枝叶和杂草等粗饲料。粗饲料棚应建在地势高、干燥、通风排水良好、地面坚实、利于防火的地方，设有牢固的房盖，严防漏雨。饲料棚举架要高些，以利于车辆直接出入。棚的周围用木杆或砖石筑成，在一端或中间留门。一般饲料棚为长 30 米、宽 8 米、高 5 米，可储存树叶 50 吨。粉碎机或铡草机可安装于棚内或棚的附近，以便于加工饲草。

（二）精饲料库

储存精饲料的仓库应干燥、通风、防鼠，仓库内设有存放豆饼、豆粕、大豆和各种谷物的储位，以及放置盐、骨粉、特殊添加剂的隔仓或固定小间。饲料库每间面积 100 ～ 200 米 ^{2}，间数视饲养规模而定。

（三）饲料加工室和调料室

饲料加工室应设在精饲料库附近和调料室之间。室内为水泥地面，设有豆饼粉碎机、地中衡等饲料加工设备。调料室要做到保温、通风、防鼠、防蝇。室内为水泥地面，有自来水供应，其主要设备有泡料槽、料池、盐池、骨粉池、锅灶、豆浆机等。

（四）青贮窖和饲草存放场

青贮窖是用来储存青绿多汁饲料（如全株玉米秸或嫩枝叶等）的基础设备。青贮窖有长形、圆形、方形、半地下式、地下式、塔式等多种。以长形半地下式的永久窖较为常见。窖内壁用石头砌成，水泥抹面，其大小主要根据鹿群规模而定。容量则取决于青贮饲料的种类和压实程度。例如，铡全株玉米秸、用链轨拖拉机压得很实的，1 米 ^{3} 为 600 千克。饲草存放场，主要为秋、冬、春三季（约 9 个月）用的粗饲料存放场地。存放的各种粗饲料要堆成垛，垛周围用土墙或以简易木栅围起，用砖围墙更好。树叶可以打包成垛存放，玉米秸秆不干又逢连阴雨时，不要堆成垛，码成堆即可。

（五）机械设备

鹿场常用的机械设备有汽车、拖拉机或链轨拖拉机、豆饼粉碎机、磨浆机、玉米粉碎机、大豆冷轧机、青干饲料粉碎机、青贮或青绿饲料粉碎机、块根饲料洗涤切片机、潜水泵、真空泵、鼓风机、电烘箱、冰柜、烫茸器、电扇、鹿茸切片机、电动机等。

III 鹿的环境调控技术

一、温度控制

鹿茸生长的适宜温度为 5 ～ 30℃，最适温度为 15 ～ 25℃。鹿舍要注意防暑，我国养鹿除少数地区鹿场实行围栏和半放牧饲养外，绝大多数是圈养。北方由于寒冷持续时间长，鹿圈建筑采取避风向阳、坐北朝南、三壁开放式结构，目的是为了防寒保暖。南方炎热持续时间长，有些地区夏天最高气温达 36 ～ 38℃，地面温度达 60℃以上。这些地方建筑鹿舍应考虑避暑，宜坐南朝北，或者将棚舍建在运动场中间，夏天可以产生“过堂风”，不致酷热；饲槽、水槽也建在棚舍之内，鹿采食、饮水不受雨天影响。有条件的地方，可以在鹿舍内安装电风扇，在运动场安装自动喷水器，这些都是防暑降温的好办法。

常用的降温系统有湿帘、喷淋及雾化 3 种方式。其中雾化方式是应用较为广泛的一种方式。在雾化降温技术中，超低量雾化是效果最为显著的一种方式，其工作原理为：水通过特殊的雾化器雾化成小于 30 微米的可在空气中悬浮的雾滴，通过蒸发而降温。雾化降温的显著特点是降温快，特别适于夏季高温场所。另外，雾化法还可有效降低粉尘浓度。鹿舍加温设备有鹿舍燃煤热风炉、燃油热风炉、燃气热风炉、集中热水供暖系统、电热地板等，但加热装备主要用于幼鹿时期，用于育成期的较少。

二、湿度控制

鹿茸生长的最佳相对湿度为 70％～ 80％。高湿环境为病原微生物和寄生虫的繁殖、感染和传播创造了条件，因此防潮是鹿养殖中重要的环节。具体措施如下：

第一，鹿场选址应选在干燥、排水较好的地区。

第二，为防止土壤中水分沿墙上升，在墙身和墙脚交界处设防潮层。

第三，坚持定期检查和维护供水系统，确保供水系统不漏水，并尽量减少管理用水。

第四，及时清理粪尿和污水。

第五，保持正常通风换气，并及时排除潮湿空气。

第六，使用干燥垫料，如稻草、麦秸、锯木、干土等，以吸收地面和空气中的水分。

三、通风控制

通风是保障鹿舍内环境质量的重要措施。鹿舍通风系统的合理设计不仅能及时将舍内的污浊空气排除，同时可以补充足够的新鲜空气，而且在夏季能起一定的降温作用。通风系统是现代规模化养殖实现高效生产所必不可少的，如果鹿舍通风系统的设计不合理，不仅会造成投资和能源浪费，而且影响养鹿效益。

鹿圈是开放系统。自然通风系统中，气流运动动力源于自然对流形成的热压和风压，无须安装通风设备，充分利用空气的风压或热压差，通过鹿舍的朝向及进气口位置和大小的合理设计，使鹿舍实现通风换气。充分合理地利用自然通风是一种既经济又节能的措施，同时还可避免机械噪声。

动物在生活过程中不断产热，动物作为热源使周围空气的温度升高，热空气的密度比冷空气要低，因而舍内产生向上气流，从而使动物周围的空气密度低于外界环境。而鹿舍上部的空气密度则高于外界环境，舍内外的密度差将驱使气流通过鹿舍的通气口产生对流交换，即舍外的新鲜空气通过位置较低的通气口进入鹿舍，舍内的空气则通过位置较高的通气口离开鹿舍。

整体通风系统：整体通风系统指对鹿舍内的湿、热或有害物质进行全面控制，整个空间全部参与通风换气的通风形式。鹿舍冬季换气基本都采用整体通风，因为在冬季为了保温通常鹿舍门窗紧闭，舍内的有害气体浓度会逐渐升高并弥漫充满舍内空间，影响动物健康及其生产性能，显然只有采取整体通风才能有效排除有害气体，保证鹿舍的环境质量。也有部分鹿舍在夏季也采用整体通风系统。

局部通风系统：局部通风系统顾名思义是指对一个有限空间内的部分区域进行通风换气的通风形式，局部通风系统多用于非密闭式鹿舍夏季的降温系统中。

四、光照控制

光照是鹿舍环境的重要组成部分，可通过视觉器官影响鹿的生理机能和生产性能，是鹿保持良好生产必不可少的条件之一。

光照时间与鹿茸生长关系的研究表明，一年中光照时间由短向长变化期，即春分至夏至间是鹿茸快速生长期，而光照时间由长向短变化期，即立秋至冬至间是鹿茸生长减慢甚至停止生长期。据研究报道，从每年 3 月中旬开始，补光 100 天，总补光不超过 400 小时，总光照时间不超过 1 500 小时，可以促使鹿提前脱盘长茸，提高产茸量。

五、噪声控制

由于噪声对动物的危害也很大，所以要严格控制鹿场周边的噪声污染，一般采取的措施有：第一，选好场址，尽量避免外界干扰。不将鹿场建在飞机场和主要交通干线的附近。

第二，合理规划鹿场，使汽车等不靠近鹿舍，也可根据地形做隔声屏障，降低噪声。

第三，鹿舍周围大量种植树木，可有效降低外来噪声。据研究，30 米宽的林带可降低噪声 16%～18%，宽 40 米发育良好的乔木、灌木林可将噪声降低 27%。植物减弱噪声的机制，一般认为是声波被树叶向各个方向不规则地反射而使声音减弱和噪声波造成树叶微振而使声音消耗。

六、排泄物清除

鹿的养殖为我们提供鹿肉、鹿茸等产品的同时也产生了大量的排泄物。这些排泄物由于具有高能、高氮的特点，使其处理起来相当烦琐。但如果不处置会对环境会造成严重污染，对附近居民的日常生活带来不利影响。

鹿舍应有一定面积的运动场，运动场圈外侧应保持有一定倾斜度，以使雨水和污水排出，防止积水积尿。运动场周围墙壁设有排水孔道，在围墙外设有排污沟，污水顺排污沟排出鹿场。运动场地面要平坦，北方鹿场常用红砖铺地，这样便于清扫和消毒，同时也不泥泞；南方鹿场除用砖铺地以外，还有铺水泥地面。同时鹿场和运动场不放任何障碍物，以防鹿群受惊扰或互相追逐时发生意外，尤其在公鹿长茸和配种季节运动场更应平整，严防撞坏茸和发生蹄部外伤而感染杆菌病。

鹿舍和运动场应经常清扫和消毒，保持鹿舍和运动场卫生。春季 4 ～ 5 月一定进行 2 次彻底大清扫和大消毒。鹿舍消毒用 20%石灰乳为宜。入冬前的 9 月、10 月也要进行一次彻底清扫和消毒。鹿舍粪便和垃圾，应堆放在远离鹿舍和水源及居民点的地方，进行生物热发酵后用作肥料。

专题三
鹿的营养与饲料

专题提示

鹿的食性特征是在其进化过程中形成的，动物对食物的选择性不仅和食物自身特点相关，而且还涉及动物的取食行为、消化器官的构造及消化生理。鹿是草食性反刍动物，具有家鹿反刍动物的一般生理解剖和消化特点，但在长期野生状态下生活，主要采食植物性饲料，所以具有其本身的特点。鹿的营养需要是指鹿每日对能量、蛋白质、矿物质和维生素等营养物质的需要量，也就是鹿维持生长、繁殖、生产的营养需要。现在规模养殖主要以梅花鹿和马鹿为主，其他中等体型鹿的营养需要可以参考梅花鹿，大体型的鹿可以马鹿为参考制定标准。

I 鹿的食性特征

一、鹿的食性

（一）鹿的植食性

1. 鹿的采食植物种类

鹿的食性较广，能采食多种灌木植物的枝叶和各种农副产品以及青贮饲料等（图 26）。根据有关材料记载，鹿能采食野生植物达 400 多种，主要为木本植物和草本植物，而且还吃蕈类、地衣苔藓及各种植物的花、果和菜蔬。还有一些蕨类植物，甚至还有些是毒植物。一般而言，禾本科易消化，能提供更多能量，木本科植物则含有更多的蛋白质。特别是驯鹿，在冬天主要食用地衣，由于其胃液中含一些腹足动物（如蜗牛）具有的地衣多糖酶，所以是哺乳类中唯一能食用石蕊的动物。

在这些能采食的植物饲料中，根据鹿的种类、分布区的不同，其经常大量吃的占 1/4 左右。在鹿的野生植物饲料中，作用最大的是乔灌木枝叶饲料。这种饲料在鹿的各季日粮中有很大意义，特别是在夏季或者草本植物饲料质量低劣的情况下更为重要。这种饲料占鹿全年日粮的 70% 以上。

野生状态下采食草本植物

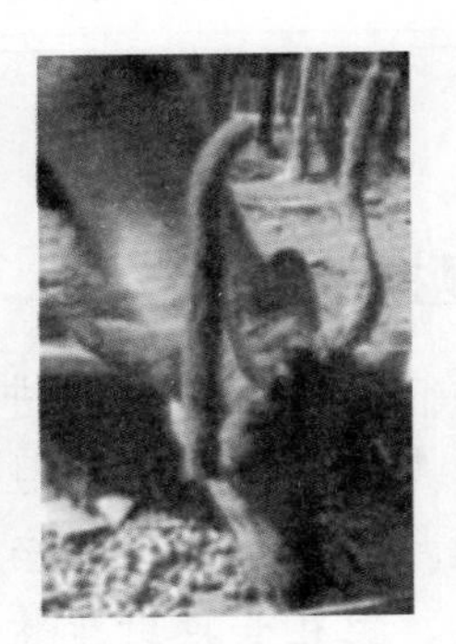

圈养条件下采食颗粒料

图 26　采食中的驯鹿

2. 鹿采食植物的特点

鹿对植物有选择性，主要选择鲜嫩的食物，这类食物蛋白质、维生素含量高而容易消化。家养鹿对食物的选择性很小或无，但鹿仍先吃细嫩部分，后吃粗糙部分，所以家养鹿饲料要多样化，使鹿有选择的余地。

鹿对植物采食部位也有选择性。鹿主要采食植物的叶、嫩尖、花序，而粗糙的植物茎、秆留下不动。只有食物匮乏的时候才采食植物的茎和秆。除采食乔灌木的树叶外，也吃直径 1 ～ 1.5 厘米的枝条，冬季也吃树皮。鹿想吃其身高能达到的植物时，先用嘴把直径不超过 1.5 ～ 3.0 厘米的幼龄树干或灌木咬住，转头将其折断，然后采食其尖端柔软部分。鹿对饲料的选择性极强，能鉴别各种植物有毒与无毒。鹿消化系统构造特点决定了鹿吃植物性饲料这一特性不能改变，但饲料组成可以调整。

3. 影响鹿采食的因素

由于季节不同，分布区不同，鹿所采食的木本饲料和草本饲料的比例也有所不同。

（1）鹿种　舍饲条件下，因采食种类受到限制，仅几十种，各种鹿在饲料种类方面无差异。野生状态下，不同鹿品种采食植物类别有区别，且喜食食物也不同。野生的梅花鹿可采食的野生植物性饲料 400 余种，海南坡鹿可采食

230种，驯鹿可觅食200～300种，马鹿为300余种。

(2)季节　研究证明，草食动物在食物资源水平较高时，食性特化；在食物资源水平较低时，食性泛化。鹿是季节性发情动物，发情期采食量减少。9月末猎取的2只公马鹿瘤胃中各含有1千克和1.5千克食物。发情旺期和发情末期的公鹿皮下和内脏器官均有很多积脂。而在10月末捕获的成年公鹿瘤胃中则含有12千克食物，说明发情期已过，可转入正常营养。

鹿采食策略也随着季节引起的食物资源丰富度变化而改变，在冬季，由于食物缺乏，尤其是缺乏高质量的食物，鹿会被迫采食各种食物。春季草木萌发时，树的嫩叶、幼芽和青草是鹿的良好饲料，尤其是阔叶树的枝叶和禾本科的草类。鹿在夏季喜欢吃多汁的乔灌木树叶和草本植物的嫩绿部分。到了秋季，大部分草木开始枯萎，正是各种果实成熟之时，鹿除了吃一部分草类饲料外，也能吃一些多汁的灌木果实和浆果以及各种蕈类、地衣类和苔藓植物等，如楚科奇人放牧的驯鹿在早秋时非常喜食蘑菇。土中的薯类鹿也能用前蹄刨食。在冬季，除了在林中采食落叶和落实之外，鹿也吃野干草和细小树枝，甚至柔软的杨、柳树皮也变成了有用的饲料(但不吃柞树皮)。鹿可在30厘米厚的雪中掘出橡实吃。

(3)分布区域　鹿种相同因分布地区自然环境差异采食植物种类也有差异。如华南梅花鹿采食路线不定，随喜食物的多少而变，边采食边活动。采食的种类随季节而变，春季采食乔灌木的嫩枝叶、刚刚萌发的草本植物；夏秋季采食藤本、草本药材；冬季采食成熟的果实、种子、浆果及各种苔藓地衣植物，间或到山下采食农作物。四川梅花鹿采食活动常在晨昏和夜间进行。日采食路线规律性较强，黄昏时分鹿群由隐蔽地缓慢地移向较开阔的灌丛草甸或农耕地，黎明时又由灌丛草甸或农耕地返回隐蔽，采食的植物种类共计212种。一年四季主要以木本植物的芽、枝梢、嫩枝叶、花及花序、果，草本植物的茎叶、花和果实为食。

我国带岭马鹿冬季食物98.8%为木本植物的当年枝组成，针叶植物和草本植物所占比例较小，而波兰北部地区，马鹿的冬季食物主要是针叶植物和草本植物，北美马鹿的冬季食物主要是草本植物。我国马鹿不啃食树皮，波兰北部地区，马鹿不仅啃食树皮，而且将树皮作为主要食物。鹿种饲养即可根据各地植物生长种类因地制宜选择。

（二）鹿的嗜盐性

鹿所采食的植物性饲料中矿物质特别缺乏。鹿同其他有蹄类一样需要各种盐分（钠盐和钙盐），故野生鹿常到一些有矿物质来源的地方舔食。据分析有些盐碱地的土壤中含有碳酸钠、氯化钠和硫酸盐。鹿也常到小溪、小泉和其他有水处活动。鹿舔食盐碱土渗出的盐分来满足对钠盐和钙盐的需要。这些元素的缺乏能导致机体生理功能的破坏，使造血器官的功能紊乱，甚至体重下降。

分布在沿海附近的鹿也能到海边寻找含有盐分的海生植物和藻类，有时也饮海水。鹿到海边觅食藻类和海上漂浮物也说明机体对矿物质的需要。鹿舔盐以春季为甚，夏末稍差，秋季发情时加剧。鹿的这种舔盐现象主要是因为常年吃植物性饲料，而植物性饲料所合的纤维素多，矿物质少，特别是缺乏氯和钠所致。

二、鹿的消化

鹿是草食性反刍动物，具有家鹿反刍动物的一般生理解剖和消化特点，但在长期野生状态下生活，主要采食植物性饲料，所以具有其本身的特点。

（一）鹿的摄食特征

鹿是边游走、边采食、边吞咽。鹿舌较长，运动灵活而坚强有力，舌面上乳突呈刺状，对采食和饮水起重要作用，采食时靠舌与唇及门齿的协调动作，将饲料卷入口中，并借助齿间的挤压作用和头部的上抬动作把饲料切断或拉断。采食时，舌不外露，而是靠齿垫和切齿咬住枝叶，配合头的前伸和上抬动作将食物切断，纳入口中。采食时嘴张得不大，约 3 厘米，以选择植物和撕咬住相应部位。仔鹿出生几天后就效仿采食。

（二）鹿的消化特征

1. 口腔消化

（1）采食与饮水　鹿无上门齿，唇、舌灵活，但进食时不能像牛一样用舌将食物卷入口中，而是用唇将食物纳入口中，下门齿与上腭齿垫将食物切碎，简单地咀嚼后吞咽。鹿采食速度很快，这是在野生状态下形成的适应环境的一种本能，食物进入口腔后未经咀嚼便匆匆吞咽。家养条件下仍保持这种特点，其一天用于采食和饮水的时间只有 10%左右。

（2）咀嚼　鹿采食时对饲料的咀嚼很不充分，鹿采食粗饲料时咀嚼次数多，采食多汁和精细饲料时，咀嚼次数较少。咀嚼可以破坏植物细胞的纤维素壁，暴露其内容物，使其能被消化液作用。同时咀嚼可刺激口腔内的各种感受器，反射性地引起各种消化液的分泌和胃肠道的蠕动，为食物进一步消化做好准备。鹿的唾液呈碱性，其中含有一定量的消化酶，对饲料进一步消化有重要意义，同时唾液还可中和瘤胃内微生物发酵产生的过量的酸。

（3）反刍　鹿一般在采食后 1 ～ 1.5 小时出现反刍现象，由于鹿采食时咀嚼很不充分，进入瘤胃的食物被瘤胃液浸泡和软化，在休息时返回到口腔仔细地咀嚼，这一现象叫反当。反刍可分 4 个阶段，即逆呕、再咀嚼、再混唾液和再吞咽。鹿每天需反刍 6 ～ 8 次，平均 5 ～ 7 小时，比采食时间多。每次咀嚼 37 ～ 60 次，吞咽后 3 ～ 5 秒再反刍一个新食团。反刍时间的长短和再咀嚼次数的多少与饲料的性质和鹿的年龄有关，采食粗硬饲料时，反刍开始较晚，再咀嚼次数多，反刍持续时间长，反之则相反。反刍是鹿的一种正常生理机能，仔鹿一般在出生后 3 周左右出现反刍现象。反刍也是鹿健康的标志，消化道机能异常时可引起反刍次数减少或停止，使鹿处于较危险的状态。

（4）嗳气　食物在微生物发酵过程中，可产生大量的二氧化碳、甲烷等气体。这些气体约有 1/4 被吸收入血液后经肺排出，一部分为瘤胃内微生物所利用，大部分通过反刍和嗳气排出体外。嗳气障碍时将引起瘤胃鼓胀，对鹿很危险。鹿的瘤胃鼓胀一般多发生在鹿采食大量豆科牧草或返青季节；鹿突然采食大量精饲料，特别是豆类饲料时，也容易致使瘤胃鼓胀。嗳气是鹿正常生理现象，是健康标志，一般每小时嗳气 15 ～ 20 次，只是鹿野性较强，观察不如牛方便。嗳气减少或停止是疾病的表现。

2. 胃消化

（1）胃结构特点　鹿胃很发达，由瘤胃、网胃、瓣胃、皱胃等 4 个胃构成，占据腹腔 3/4，其中瘤胃是 4 个胃中最大的一个，几乎占据整个左腹部。成年梅花鹿瘤胃容积为 9 ～ 10 升，马鹿 20 ～ 30 升。网胃呈梨状，是 4 个胃中最小的一个。前部与瘤胃相通，后部由网瓣孔与瓣胃相通，因胃壁上有许多片状皱褶形成的多角形小窝，很似蜂巢，故又称蜂巢胃。瓣胃比网胃略大，基本呈球状。胃壁上有许多长短不等的叶状突起形成瓣叶，所以又称重瓣胃，皱胃比网瓣胃略大，呈弯曲的梨状，前由食管沟与瓣胃相通，后有幽门通向十二指肠。皱胃是 4 个胃中唯一有腺体的胃，在胃底部有暗红色胃底腺，在幽门部有幽门腺，具有消化能力，所以又叫真胃（图 27）。

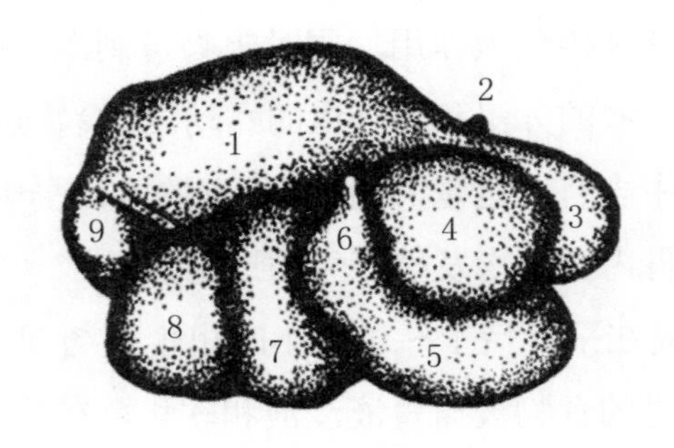

图 27　鹿胃

1. 瘤胃背囊　2. 食管　3. 网胃　4. 瓣胃　5. 皱胃

6. 幽门　7. 瘤胃腹囊　8. 后腹盲囊　9. 后背盲囊

（2）胃消化特点

1）瘤胃消化　初生仔鹿瘤胃容积很小，仅占全部 4 个胃容积的 23%，2 周龄时也只占 31%（成年鹿占 74%）。里面没有微生物，以后随饲料、饮水或仔鹿与母鹿相互舔舐，微生物才进入瘤胃。仔鹿生后 3 ～ 4 天就能采食一些嫩草并开始反刍，说明这时瘤胃中已有一些微生物。影响瘤胃微生物的主要因素是饲料，因此在饲养过程中变更饲料要逐渐进行，使鹿有一个适应过程，更重要的是瘤胃微生物也有一个适应过程，这在生产上具有重要意义。

2）网胃和瓣胃消化　鹿的网胃和瓣胃消化机能也与其他反刍动物相同。网胃内微生物量很高，饲喂后微生物数量明显增加，故对网胃的消化机能也不可忽视。瓣胃是一个“过滤器”，其收缩时将食物稀的部分送到真胃，干的部分留在瓣叶间，受机械性的粉碎和压干水分，因此内容物比较干燥，但仍有较少的微生物存在。瓣胃能吸收大量的水分和酸。

3）皱胃消化　瓣胃内容物不断进入皱胃，受到皱胃内分泌的消化液的消化作用。仔鹿皱胃中凝乳酶比较多，而胃液中胃茸白酶则比成年鹿少。皱胃中分泌盐酸的机能随年龄增长而逐渐完善。新生仔鹿胃液中游离盐酸与结合盐酸含量均低，因此，胃屏障机能较弱，如果管理不当，就易发生各种胃肠疾病。

3. 肠的消化

食物经十二指肠进入小肠后，得到多种消化液的化学作用及小肠运动的机械作用，大部分营养物质被消化成可吸收的状态，并在这里被吸收。小肠的消化在整个消化过程中占着极为重要的地位。

进入小肠的消化液有胰液、胆汁和小肠液，其内含有多种消化酶，乳茸白分解酶、脂肪酶、淀粉酶。这些酶对进一步分解来自真胃的食糜有重要作用。

蛋白质的最终产物是氨基酸，碳水化合物的终产物为葡萄糖，脂肪的终产物为甘油和脂肪酸，这些产物都可以在小肠中吸收。鹿无胆囊，胆汁由肝脏内粗大的胆管汇集经胆总管流入十二指肠，对消化脂肪起着重要的作用。小肠是营养物质吸收的主要场所，各类氨基酸、葡萄糖及甘油和脂肪酸均在小肠能很好地吸收，同时对维生素、水分、微量元素有很好的吸收。

4. 大肠内的消化

大肠内含有大量微生物，能消化15%～20%的纤维素，产生大量挥发性脂肪酸和可被机体利用的气体，同时大肠微生物还能合成蛋白质和维生素B、维生素K，大肠中的腐败菌还有分解营养物质、产生有害物质的作用，因此，如果发生便秘，会使有害物质在体内蓄积过多，吸收后易引起机体中毒。

大肠内容物中的水分主要是在大肠前段吸收的，随着大肠的蠕动，食物残渣不断浓缩形成粪便，经直肠排出体外。鹿的粪便呈椭圆形或球形，黑褐色，在大量采食青绿饲料时有时呈墨绿色。

II 营养需要与饲养标准

一、鹿的营养需要特点

1. 公鹿营养需要特点

（1）生茸期营养需求较高　鹿茸中含有较高的蛋白质（占鹿茸有机物质的70%以上）和矿物质（主要是碳酸钙与碳酸铵等无机盐类）。故公鹿生茸期需要较高的能量、蛋白质和矿物质水平。

鹿体重变化具有季节性特点。即使采食能量与蛋白质丰富的饲料，成年鹿冬季体重仍下降；夏季，野生鹿采食到营养丰富的饲料，体重逐渐恢复，公鹿鹿茸快速生长；配种前达到最大体重，鹿茸也达到最大，骨化程度非常迅速，为争偶配种做准备。鹿生茸期能量需要较容易满足，养殖中人们往往忽视蛋白质的供应，致使因蛋白质摄入不足而影响鹿茸的生长。生茸期仅70～100天，鹿茸生长非常迅速，生长快者每天可长2～3厘米长，重量增加200克。此期鹿增重也非常快，故蛋白质营养不足会限制鹿茸生长，甚至达不到正常生长量的一半。鹿生茸期对微量元素与维生素的需求也较高，野生或放牧鹿在夏季采食的饲料种类相对较多，不易造成缺乏。人工圈养时，有些鹿场或养殖户所用饲料单一，很容易缺乏某些微量元素或维生素，应补加维生素及微量元素添加剂，以增强鹿的体质和抗病力，最大限度地发挥鹿的生茸潜力。

（2）发情期及越冬期营养需要量低　公鹿在发情期采食量少，性情暴躁，爱顶斗争偶。圈养条件下，为保证配种公鹿精液品质优良，一般将其与母鹿同圈饲养，补饲较高营养水平的精饲料，以补偿其体能消耗。对非配种公鹿，为减少其相互顶斗，要减少精饲料补饲量或不补饲，仅给予一定量的粗饲料，以满足其能量与蛋白质的维持需要。公鹿越冬期的营养需求低于生茸期，可按照维持需要水平供给能量与蛋白质，不影响第二年的生茸性能即可。饲料单一的鹿场，有时会发生鹿的咬毛症，主要原因是缺乏某些微量元素和维生素。所以，在非生产季节也应注意给公鹿补充微量元素和维生素，以维持鹿体健康及基本的生命活动，保证翌年正常脱盘生茸。

2. 母鹿营养需要特点

（1）配种期及妊娠期　应给予配种期母鹿较高的营养水平，以补偿其在刚结束的泌乳期中过多的营养消耗，使其尽快恢复体况，促进其正常发情和排卵，但不能使配种期母鹿过肥，以免影响发情及受孕。妊娠早期胎儿生长对营养需求量不多，但须保证质量；妊娠后期应增加能量和蛋白质的供给量，以满足胎儿快速生长发育及母鹿自身储备的营养需求。在整个妊娠期，均应供给适量的微量元素和维生素。

（2）泌乳期　像所有哺乳动物一样，母鹿泌乳期营养需求是所有生理阶段中最高的，对各种营养物质的需求量都显著增加，蛋白质和能量的需要量增加的幅度更大，以满足泌乳的需要，保证仔鹿健康成长。

3. 仔鹿生长期营养需求特点

仔鹿从出生到成年，始终处于生长发育状态，应持续地给予高营养水平的饲料，以保持其健康及正常生长。

二、鹿的营养需要

1. 能量需要

（1）公鹿生茸期的能量需要　鹿茸中沉积的能量很少，经测定，梅花鹿生茸期中能量浓度在 15.884 ～ 16.720 兆焦 / 千克，基本可满足鹿的能量需要。研究发现 3 岁梅花鹿生茸期饲粮中能量适宜水平为 15.9 ～ 16.7 兆焦 / 千克，平均每只鹿每天对消化能的需要量为 29.9 ～ 31.3 兆焦。成年梅花公鹿能量适宜水平约为 16.8 兆焦 / 千克，每只鹿每天对消化能的需要量为 36 ～ 37 兆焦。1 岁、2 岁、4 岁梅花鹿生茸期饲粮能量适宜水平分别为 17.37 兆焦 / 千克、16.95 兆焦 / 千克和 16.4 兆焦 / 千克，平均每只鹿每天对能量的需要量分别为 28.45 ～ 28.87 兆焦、27.20 ～ 29.92 兆焦和 39.4 兆焦。

（2）公鹿越冬期的能量需要　公鹿越冬期包括配种恢复期和生茸前期 2 个阶段。公鹿为了迅速恢复体况，并为换毛、生茸储备营养，也需要一定的能量，公梅花鹿越冬期日粮能量浓度为 16.302 ～ 16.702 兆焦 / 千克，可满足需要。1 岁、2 岁公鹿，饲粮能量适宜浓度为 16.32 兆焦 / 千克、16.7 兆焦 / 千克，平均每只鹿每天对能量的需要量分别为 23.05 兆焦、36.86 兆焦。

（3）断乳仔鹿的能量需要　仔鹿的特点是生长速度快，生长强度大，能量代谢旺盛，因此，对能量的需求很高。王峰等报道仔鹿精饲料补充料中适宜的能量浓度为 17.15 ～ 17.99 兆焦 / 千克，高秀华等发现，4 ～ 10 月龄所需能量为 23.35 ～ 24.64 兆焦。

（4）育成鹿的能量需要　育成鹿仍处于生长发育的旺盛阶段，为了满足生长发育的需要，每日需从饲料中摄取一定的能量。育成鹿的精饲料中，蛋白质水平为 28%，能量浓度为 17.138 兆焦 / 千克时，也可满足育成鹿的能量需要。

（5）母鹿的能量需要　日粮中能量水平的高低，将直接影响母鹿的繁殖能力。一般地，日粮能量水平适宜，母鹿发情正常，乳量足，仔鹿健壮，生长发育快；而日粮能量水平过高或过低，可导致母鹿过肥或过瘦，影响正常繁殖。研究发现，梅花母鹿妊娠期精饲料补充料妊娠中期和后期适宜能量浓度分别为 16.7 兆焦 / 千克和 17.1 兆焦 / 千克，为保证胎儿正常生长发育的营养需要，妊娠中期和后期每只鹿每天分别需要供给可消化能 14.35 兆焦和 14.43 兆焦。

2. 蛋白质需要

（1）公鹿生茸期的蛋白质需要　鹿茸中蛋白质含量占干物质的 57.6%，由 17 种氨基酸组成，其中必需氨基酸含量高达 21.57%。因此，饲料中蛋白质水平高低均影响鹿茸的产量和质量。早期金顺丹等提出蛋白质需要量的估测方程，结果表明，公梅花鹿生茸期蛋白质需要量随年龄的增长呈递减趋势（表 9，表 10）。

表 9　不同年龄公梅花鹿生茸期蛋白质需要量与氮能比例

年龄（周岁）	粗饲料蛋白质水平（%）	精饲料蛋白质水平（%）	氮能比（克 / 千克）
1	22	27	13
2	20	26	20
3	19	24	11
4	15	19	9
5	14	18	8

表 10　不同年龄梅花鹿生茸期所需蛋白质（CP）的估测方程

年龄（周岁）	回归方程 CPR：蛋白质水平需要量，W：体重（千克），ΔW：日增重（千克）	回归方程 A：鹿茸产量（千克）
1	$CPR = 6.66W + 112\Delta W - 12.5$	
2	$CPR = 4.38W + 82.49\Delta W - 1.22$	$CPR = 4.5W + 2.2A - 0.3$
3	$CPR = 4.58W + 29.96\Delta W + 25.2$	
4	$CPR = 6.96W + 22.5\Delta W - 5.67$	$CPR = 4.6W + 92A - 2\,590$

为了得到更精确的数据，科学家做了大量的工作。高秀华等发现，3 岁梅花鹿生茸期饲料中蛋白质的适宜水平为 19%，平均每只鹿每天可消化蛋白质的需要量为 388 ～ 394 克。1 岁、3 岁、4 岁、5 岁以上梅花鹿生茸期日粮中的蛋白质适宜水平分别为 22.44%、19%、15.9% 和 16.6%。泌乳期精饲料补充料中较适宜的蛋白质水平为 23.6%。每只鹿每天需要可消化粗蛋白质为 200 ～ 210 克。配种期种公鹿日粮中蛋白质的数量和质量均可影响公鹿性器官的发育与精液品质。公梅花鹿每次射精量为 1.45 毫克，干物质含量占 2%～ 10%，而干物质的 60% 以上为蛋白质，因此，对蛋白质需要量较高，一般精饲料中蛋白质水平不低于 20%。

（2）公鹿配种期的蛋白质需要　种公鹿日粮中蛋白质数量和质量均可影响公鹿性器官的发育和精液品质，一般精饲料中蛋白质水平不低于 20%。

（3）公鹿越冬期的蛋白质需要　公鹿越冬期除需要一定的能量外，也需要蛋白质等营养物质维持体况，通常情况下，蛋白质需要量占精饲料的 13.5%～18.2%。

（4）幼鹿和育成鹿的蛋白质需要　王峰等认为，3 月龄以上幼鹿和育成鹿蛋白质的需要量占精饲料的 28%。刘佰阳等研究不同蛋白质水平精饲料对梅花鹿仔鹿营养物质利用率的影响，发现梅花鹿仔鹿精饲料中适宜的蛋白质水平为 21%，随后同组王欣等研究发现，梅花鹿仔鹿精饲料中适宜的蛋白质水平为 14.26%，每只每日平均可消化粗蛋白质 62.39 克。公仔鹿越冬期的适宜蛋白质水平为 15.66%，每只每日平均可消化粗蛋白质 65.89 克。

（5）母鹿的蛋白质需要　妊娠母鹿在怀孕后期，由于胎儿生长迅速，氮的沉积量很大，一般来说，胎儿和子宫内容物的干物质中蛋白质占 65%～70%，而且母体氮沉积量也较大，增重较多，通常在整个妊娠期内增重 10～15 千克，母马鹿增重 20～25 千克。杨福合等研究发现，母梅花鹿妊娠期精饲料补充料中，妊娠中期和后期适宜的蛋白质水平分别为 16.6%和 20.3%，为保证胎儿正常生长发育的营养需要，妊娠中期和后期每只鹿每天分别需要供给可消化蛋白质 85～90 克和 140～145 克。对于泌乳鹿，通常情况下，日泌乳 1.02 升的母鹿每日需要蛋白质 248～283 克。

3. 矿物质需要

（1）镁　鹿体内含镁不多，70%存在于骨骼中。镁的主要功能是活化各种酶，与碳水化合物及钙、磷代谢有密切关系，植物性饲料中含镁较多，能满足鹿的需要。

（2）铁、铜、钴　这 3 种微量元素都与造血机能密切相关。

铁是血红蛋白、肌红蛋白、铁蛋白、血铁黄素、转铁蛋白以及所有含铁酶类的合成所必需的元素，其中血红蛋白中所含的铁是鹿全身含铁量的 70%～80%。鹿对铁的利用率较高，饲料中的铁可满足成年鹿的需要，但仔鹿往往需要补充。如鹿场将清洁的黄土放在舍内，任鹿自由舔食，也是个补铁办法。当然补充硫酸亚铁、糊精铁、右旋糖酐铁更好。

铜作为许多酶的组成成分，其活化物直接参与体内代谢，维持铁的正常代谢，有利于血红蛋白的生成和红细胞的成熟。对于骨细胞、胶原和弹性蛋白形成都不可少。鹿铜元素缺乏时，机体多种含铜酶活性降低，导致种种代谢障碍，发生运动失调的进行性瘫痪，即所谓晃腰病。钴是维生素 B_{12} 的组成成分。鹿长期食用低钴饲草时易出现钴缺乏症。表现为巨细胞性贫血，毛质脆而易折断。

（3）锌　锌存在于鹿的各器官组织中，是多种酶和胰岛素的组成成分，参与蛋白质、碳水化合物和脂肪的代谢。缺锌时会导致皮肤角化不全，生殖能力降低。

（4）锰　锰存在于鹿的肝、脾和骨骼中，作为多种糖、脂肪和蛋白质有关的代谢酶组成成分发挥作用。缺锰时表现为骨营养障碍和繁殖障碍。

（5）碘　碘主要存在于甲状腺中。碘的功能是构成甲状腺素。甲状腺素是调节新陈代谢的重要物质，对鹿的生长和繁殖均有重要作用，碘不足时新生仔鹿出现甲状腺肿大、全身黏液性水肿，影响成鹿繁殖的机能。

（6）硒　硒存在于鹿的体细胞中，肝、肾中硒的浓度最大。主要作用是作为谷胱甘肽过氧化物酶的组成成分发挥抗氧化作用，保护细胞膜结构和功能正常。缺硒时仔鹿出现白肌病和肝坏死。

（7）钙、磷　是鹿必需的营养元素，王峰研究了 3 岁梅花鹿生茸期日粮中的钙、磷的适宜水平，试验结果表明，以鹿茸产量和鹿茸干、鲜比为主要依据，3 岁梅花鹿生茸期日粮中适宜的钙、磷水平分别为 0.89％和 0.52％；日粮钙、磷水平对锯茸时鹿茸血清中的钙含量有影响，而对磷的含量影响不大。日粮钙水平超过 0.74％时，不利于梅花鹿对营养物质的消化代谢，因此在生产中不宜添加过多的钙饲料。毕世丹研究了梅花鹿生长期及生茸期锌的需要量，试验认为梅花鹿生长期日粮锌的适宜添加量为 15 毫克 / 千克（日粮总含量 80.13 毫克 / 千克）左右，生茸期日粮锌的适宜添加量为 40 毫克 / 千克（日粮总锌含量 98.97 毫克 / 千克）左右。鲍坤研究不同形式的铜对雄性梅花鹿血清生化指标及营养物质消化率的影响，筛选出梅花鹿日粮中最适宜的添加铜源为蛋氨酸铜；吉林地区梅花鹿生长期日粮铜的适宜添加量为 15 ～ 40 毫克 / 千克（日粮总铜含量 21.21 ～ 45.65 毫克 / 千克）左右；生茸期日粮铜的适宜添加量为 40 毫克 / 千克（日粮总铜含量 46.09 毫克 / 千克）左右。

4. 维生素需要

（1）维生素 A（视黄醇）　维生素 A 仅存在于动物体中，而植物体中存在的则是胡萝卜素。胡萝卜素在动物肠壁和肝脏中，受胡萝卜素酶的作用可转变为维生素 A，参与机体内各种机能活动或储存备用。胡萝卜素有多种，但对动物营养意义较大的为 β - 胡萝卜素。

成年公鹿各时期对维生素A的需要量分别为：配种期5 000～7 000国际单位，恢复期8 000～10 000国际单位，生茸前期5 800～8 250国际单位，生茸后期7 800～10 000国际单位。或分别需要胡萝卜素：20毫克、40毫克、24毫克、40毫克。妊娠母鹿每日需胡萝卜素不得少于18国际单位；泌乳母鹿每日的维持需要为10毫克胡萝卜素；仔鹿则需3～5毫克。

（2）维生素D（钙化醇）　维生素D为类固醇衍生物，在动物营养上较为重要的是维生素D_2、维生素D_3。维生素D_2仅存在于植物性饲料中，生长中的植物不含维生素D_2，但随着植物的成熟，其中的麦角固醇会经紫外线照射而转变成维生素D_2。酵母中也含有维生素D_2。维生意D_3是动物皮肤内的7-脱氢胆固醇经紫外线照射后转变而成的。

公鹿各时期对维生素D的需要量分别为：配种期700～900国际单位，恢复期950～1 100国际单位，生茸前期950～1 200国际单位，生茸后期800～1 000国际单位。泌乳母鹿的维生素需要为每千克日粮干物质中含维生素D为100国际单位。

（3）维生素E　又名生育酚，多存在于植物组织中，谷物胚、胚油和胚芽中均含有较多维生素E，豆类及蔬菜的含量亦颇丰富，青绿饲料和优质干草都是维生素E的良好来源，动物性饲料则含量极少。维生素E不仅有利于鹿体正常的繁殖机能，还能够改善肉质。

（4）维生素K　维生素广泛存在于自然界中，常见的有维生素K_1和维生素K_2，维生素K_1在绿叶植物（苜蓿、菠菜等）、鱼粉及动物肝中含量较丰富，维生素K_2存在于微生物体内。维生素K_3、维生素K_4是人工合成的，效力强于维生素K_1，维生素K_3的效力是维生素K_1的2倍，是维生素K_2的4倍。

成年鹿瘤胃微生物可以合成大量的维生素K，一般情况下不会出现维生素K缺乏症。

（5）维生素B族　包括维生素B_1、维生素B_2、维生素B_3、维生素B_4、维生素B_5、维生素B_6、维生素B_7、维生素B_{11}和维生素B_{12}。成年鹿瘤胃微生物能够合成B族维生素满足机体需要，因此不需依靠饲料供给。但仔幼鹿由于瘤胃机能不够健全，仍需从饲料中加以补充。

（6）维生素C　又名抗坏血酸，广泛存在于新鲜水果、蔬菜和青绿植物性饲料中，动物体内可由单糖合成足够的维生素C，一般情况下也不易发生维生素C缺乏症。

5. 水的需要

水对鹿非常重要，保证饮水对于保证鹿体健康，提高生产力具有重要意义。在夏季，梅花鹿每只每日需水8～10升，马鹿10～15升。冬季饮水量为夏季的一半左右。鹿的需水量，受年龄、生产时期、生产力、日粮组成、进食量以及环境温、湿度等多种因素的影响。

鹿的饮用水以地下水和泉水为最佳。要求透明、无色、无臭、清洁，温度在2～12℃，pH 6.5～8.0，无毒、无害，水中的固形物含量应低于0.25%。固形物含量达1.5%时可降低鹿的生产性能。当沙门菌、大肠杆菌和藻类等有害微生物含量高时，可引起机体发病。饮水中氯化物、硫酸盐等含量在1 000毫克／千克以下。

饮水中的安全上限见表11。

表11　水中毒素上限表

元素或化合物（千克）	安全上限（毫克／千克）	元素或化合物（千克）	安全上限（毫克／千克）	元素或化合物（千克）	安全上限（毫克／千克）
砷	0.2	铜	0.5	镍	1.0
镉	0.05	氟化物	2.0	硝酸盐	100
铬	1.0	铝	0.1	亚硝酸盐	10.0
钴	1.0	汞	0.01	矾	0.1

三、不同鹿种饲养标准

（一）鹿不同生理时期的能量与可消化粗蛋白质推荐量

目前，我国对各种鹿种的营养需要仍在继续研究中。中国农业科学院特产研究所根据几十年的生产经验制定了鹿不同时期的能量与可消化粗蛋白质推荐表，见表12。

表 12　鹿不同生理时期的能量与可消化粗蛋白质每天推荐量

鹿种	生理时期	能量(兆焦，消化能)	可消化粗蛋白质(克)
梅花鹿	断乳仔公鹿	17.84 ~ 24.64	160 ~ 260
	1 岁公鹿生茸期	28.45 ~ 28.87	290 ~ 320
	1 岁公鹿越冬期	22.80 ~ 23.26	140 ~ 160
	2 ~ 3 岁公鹿生茸期	27.20 ~ 29.92	330 ~ 360
	2 ~ 3 岁公鹿越冬期	23.80 ~ 26.82	200 ~ 230
	成年公鹿生茸期	38.07 ~ 39.75	340 ~ 370
	成年公鹿越冬期	27.05 ~ 29.66	210 ~ 240
	母鹿妊娠前期	19.72 ~ 20.39	130 ~ 150
	母鹿妊娠中期	20.75 ~ 21.85	150 ~ 170
	母鹿妊娠后期	19.50 ~ 20.80	170 ~ 290
	母鹿泌乳期	24 ~ 25	200 ~ 240
马鹿	断乳仔公鹿	—	330 ~ 500
	1 岁公鹿生茸期	—	570 ~ 610
	1 岁公鹿越冬期	—	390 ~ 410
	2 ~ 3 岁公鹿生茸期	—	650 ~ 710
	2 ~ 3 岁公鹿越冬期	—	470 ~ 500
	成年公鹿生茸期	60 ~ 62（代谢能）	700 ~ 780
	成年公鹿越冬期	57 ~ 58（代谢能）	510 ~ 540
	母鹿妊娠前期	—	354 ~ 380
	母鹿妊娠中期	51 ~ 59（代谢能）	360 ~ 410
	母鹿妊娠后期	—	468 ~ 510
	母鹿泌乳期	81（代谢能）	480 ~ 560

（二）放牧鹿及美洲马鹿的估计营养需要

Larry 等制定的放牧鹿及美洲马鹿的估计营养需要，见表 13。

表 13　放牧鹿及美洲马鹿营养需求量（干物质基础）

营养物质	生长期					妊娠期		泌乳期	
	维持	生茸	3～6月	6～9月	9～12月	中期	后期	前期	后期
粗蛋白质（%）	7～10	16	18～20	16～18	12～14	12～14	14～16	14～16	15～14
消化能（兆焦/千克）	2.2	2.43	3.09	2.87	2.65	2.43	2.65	2.87	2.76
总消化养分（%）	50～52	55	68	64	59	57	59	64	61
钙（%）	0.35	1.40	0.60	0.55	0.50	0.50	0.50	0.70	0.60
磷（%）	0.25	0.70	0.30	0.30	0.30	0.40	0.40	0.40	0.40
钾（%）	0.65	1.0	0.65	0.65	0.65	0.65	0.65	1.0	1.0
镁（%）	0.20	0.40	0.25	0.25	0.25	0.25	0.25	0.25	0.25
铜（毫克/千克）	15	25	20	20	20	20	20	20	20
锌（毫克/千克）	50	150	100	100	100	100	100	100	100
铁（毫克/千克）	50	200	200	200	200	200	200	200	200
碘（毫克/千克）	0.30	1.0	0.50	0.50	0.50	0.50	0.50	0.50	0.50
钴（毫克/千克）	0.10	0.30	0.20	0.20	0.20	0.20	0.20	0.20	0.20
硒（毫克/千克）	0.20	0.30	0.25	0.25	0.25	0.25	0.25	0.25	0.25
维生素 A（国际单位/千克）	2 900	4 400	4 000	4 000	4 000	4 400	4 400	4 400	4 400
维生素 D（国际单位/千克）	550	1 100	1 000	1 000	1 000	1 100	1 100	1 100	1 100
维生素 E（国际单位/千克）	22	44	33	33	33	44	44	44	44

（三）新疆马鹿试行标准

我国地方也根据自己的饲养经验，制定了地方标准，见表 14、表 15。

表 14 新疆马鹿试行饲养标准（公鹿）

体重（千克）	日粮中干物质（千克 / 天）	代谢能（兆焦 / 天）	粗蛋白质（%）	可消化蛋白质（克 / 天）	钙（克）	磷（克）	胡萝卜素（毫克）	维生素 A（毫克）
种公鹿标准								
200	3.25	41.5	19	617	38	19	23	16.5
220	3.55	45.3	19	674	42	22	28	17.4
240	3.85	49.1	19	731	45	25	33	18.2
260	4.15	52.9	19	788	48	30	39	19
恢复期生产公鹿标准								
200	3.25	49.7	20	660	39	20	25	17
220	3.72	54.8	20	744	43	22	31	18
240	4.07	59.9	20	814	47	25	37	19
260	4.35	65.2	20	885	51	27	45	20
生茸期标准								
200	3.40	49.9	21	703.5	40	21	30	17.5
220	3.80	55.8	21	798	45	22	35	18.5
240	4.20	61.6	21	871.5	49	25	40	19.1
260	4.55	66.8	21	855	57	27	45	21
发情控制期生产公鹿标准								
200	1.76	25.8	15	264	32	18	20	12
220	1.95	28.6	15	292.5	36	22	22	13.5
240	2.11	31.0	15	316	40	26	24	14
260	2.28	33.5	15	342	45	30	26	15

续表

体重（千克）	日粮中干物质（千克/天）	代谢能（兆焦/天）	粗蛋白质（%）	可消化蛋白质(克/天）	钙（克）	磷（克）	胡萝卜素（毫克）	维生素A（毫克）
育成公鹿标准								
80	1.84	29.8	22	409	22	16	15	9.1
110	2.53	41.0	22	497	27	19	17	9.8
140	3.22	53.1	22	596	32	21	20	10.5
170	3.91	63.3	22	693	38	23	23	12

表15　新疆马鹿试行饲养标准（母鹿）

体重（千克）	日粮中干物质（千克/天）	代谢能（兆焦/天）	粗蛋白质（%）	可消化蛋白质(克/天）	钙（克）	磷（克）	胡萝卜素（毫克）	维生素A（毫克）
配种期母鹿标准								
180	3.04	38.5	17	516	32	20	20	16
200	3.20	40.5	17	544	36	22	22	16.8
220	3.68	46.7	17	625.6	42	26	26	17.5
240	4.00	50.7	17	680	47	28	28	18.2
妊娠期母鹿标准								
180	3.12	39.5	18	562	36	22	22	16.2
200	3.32	42.1	18	598	42	24	26	17.1
220	3.91	49.6	18	704	47	26	31	18.0
240	4.25	53.9	18	765	52	30	37	18.6
哺乳期母鹿标准								
180	3.24	41.1	19	615	38	24	23	16.4
200	3.66	45.6	19	684	45	28	28	17.5
220	4.14	52.5	19	786	50	32	34	18.4

续表

体重（千克）	日粮中干物质（千克/天）	代谢能（兆焦/天）	粗蛋白质（%）	可消化蛋白质(克/天)	钙（克）	磷（克）	胡萝卜素（毫克）	维生素A（毫克）
240	4.50	57.1	19	855	56	36	40	19.0
发情控制期生产母鹿标准								
70	1.76	22.3	20	352	23	17	14	8.8
95	2.15	27.3	20	430	27	19	16.5	9.7
125	2.58	32.7	20	518	32	22	18	10.3
150	3.01	38.2	20	602	38	25	21	11

III 饲料配制与生产

一、常用饲料

饲料的营养价值，不仅取决于饲料本身，而且还受饲料加工调制的影响。科学地加工调制不仅可以改善适口性，提高采食量、营养价值及饲料利用率，并且是提高养鹿经济效益的有效技术手段。

（一）青绿饲料

青绿饲料指天然水分含量60%以上的青绿多汁植物性饲料。一般有以下特点：青绿饲料粗蛋白质较丰富，品质优良，其中非蛋白氮大部分是游离氨基酸和酰胺，对鹿的生长、繁殖和泌乳有良好的作用。干物质中无氮浸出物含量为40%～50%，粗纤维不超过30%。青绿饲料含有丰富的维生素，特别是维生素A原。矿物质中钙、磷含量丰富，比例适当，尤其是豆科牧草，还富含铁、锰、锌、铜、硒等必需的微量元素。青绿饲料易消化，鹿对青绿饲料有机物质的消化率可达75%～85%，还具有轻泻、保健作用。青绿饲料干物质含量低，能量含量也低，应注意与能量饲料、蛋白质饲料配合使用，青绿饲料补饲量不要超过日粮干物质的20%。

常见的青绿饲料有：天然牧草：野草；栽培牧草：苜蓿、三叶草、草木樨、紫云英、黑麦草、苏丹草、青饲玉米等；树叶类饲料：槐、榆、杨等树的树叶；叶菜类饲料：苦荬菜、聚合草、甘蓝等；水生饲料：水浮莲、水葫芦、水花鹿、绿萍等。铡短和切碎是青绿饲料最简单的加工方法，不仅可便于鹿咀嚼、吞咽，还能减少饲料的浪费。一般青绿饲料可以铡成3厘米长的短草。

（二）粗饲料

干物质中粗纤维含量在18%以上的饲料均属粗饲料，包括青干草、秸秆及秕壳等。

1. 干草

干草是青绿饲料在尚未结籽以前刈割，经过日晒或人工干燥而制成的，较好地保留了青绿饲料的养分和绿色，是鹿的重要饲料（图28）。优质干草叶多，适口性好，蛋白质含量较高，胡萝卜素、维生素D、维生素E及矿物质丰富。不同种类的牧草质量不同，粗蛋白质含量禾本科干草为7%～13%，豆科干草为10%～21%。调制干草的牧草应适时收割，刈割时间过早水分多，不易晒干；过晚营养价值降低。禾本科牧草以抽穗到扬花期，豆科牧草以现蕾期到开花始期即有1/10开花时收割为最佳。青干草的制作应干燥时间短，均匀一致，减少营养物质损失。另外，在干燥过程中尽可能减少机械损失、雨淋等。

图28　青干草

2. 秸秆

农作物收获籽实后的茎秆、叶片等统称为秸秆（图29）。秸秆中粗纤维含量高，可达30%～45%，其中木质素多，一般为6%～12%。能量和蛋白质含量低，单独饲喂秸秆时，难以满足鹿对能量和蛋白质的需要。秸秆中无氮浸出物含量低，缺乏一些必需的微量元素，并且利用率很低，除维生素D外，其他维生素也很缺乏。

图29　秸秆（左为玉米秸，右为麦秸）

3. 秕壳

秕壳指籽实脱离时分离出的荚皮、外皮等。营养价值略高于同一作物的秸秆，但稻壳和花生壳质量较差。

（三）糟渣类饲料

酿造、淀粉及豆制品加工行业的副产品。水分含量高，可达70%～90%，干物质中蛋白质含量为25%～33%，B族维生素丰富，还含有维生素 B_{12} 及一些有利于动物生长的未知生长因子。

1. 啤酒糟

干糟中蛋白质为20%～25%，体积大，纤维含量高。鲜糟日用量不超过10～15千克，干糟不超过精饲料的30%为宜。

2. 白酒糟

因制酒原料不同，营养价值各异，蛋白质含量一般为16%～25%，是肥育肉鹿的好原料，鲜糟日喂量15千克左右。酒糟中含有一些残留的乙醇，对妊娠母鹿不宜多喂。

3. 豆腐渣、酱油渣及粉渣

多为豆科籽实类加工副产品，干物质中粗蛋白质含量在20%以上，粗纤维较高。维生素缺乏，消化率也较低。由于水分含量高，一般不宜存放过久。

（四）多汁类饲料

多汁类饲料包括直根类、块根、块茎类（不包括薯类）和瓜类。含水量高，为70%～95%，松脆多汁，适口性好，容易消化，有机物消化率高达85%～90%。多汁饲料干物质中主要是无氮浸出物，粗纤维仅含3%～10%，粗蛋白质含量只有1%～2%，利用率高。钙、磷、钠含量少，钾含量丰富。

维生素含量因饲料种类差别很大。胡萝卜、南瓜中含胡萝卜素丰富，甜菜中维生素 C 含量高，但缺乏维生素 D，因而只能作为鹿的副料。多汁类饲料可以提高鹿的食欲，促进泌乳，提高肉鹿的肥育效果，维持鹿的正常生长发育和繁殖。多汁类饲料适宜切碎生喂，或制成青贮料，也可晒干备用(但胡萝卜素损失较多)。

(五)蛋白质饲料

1. 植物性蛋白质饲料

植物性蛋白质饲料主要包括豆科籽实、饼粕类及其他加工副产品。

(1)豆科籽实　豆科籽实蛋白质含量高，为 20%～40%，较禾本科籽实高 2～3 倍。品质好，赖氨酸含量较禾本科籽实高 4～6 倍，蛋氨酸高 1 倍。全脂大豆为提高过瘤胃蛋白时，可适当地热处理。大豆生喂不宜与尿素一起饲用。

(2)大豆饼粕　粗蛋白质含量为 38%～47%，且品质较好，尤其是赖氨酸含量高，但蛋氨酸不足。大豆饼粕可替代幼鹿代乳料中部分脱脂乳，并对各生理阶段鹿有良好的生产效果。

(3)棉籽饼粕　由于棉籽脱壳程度及制油方法不同，因而营养价值差异很大。完全脱壳的棉仁制成的棉仁饼粕粗蛋白质可达 35%～40%，而由不脱壳的棉籽直接榨油生产出的棉籽饼粕粗纤维含量达 16%～20%，粗蛋白质仅为 20%～30%。棉籽饼粕蛋白质的品质不太理想，赖氨酸较低，蛋氨酸也不足。棉籽饼粕中含有对鹿有害的游离棉酚，鹿如果摄取过量或食用时间过长，可导致中毒。在幼鹿、种公鹿日粮中一定要限制用量，同时注意补充维生素和微量元素。

(4)花生饼粕　饲用价值随含壳量的多少而有差异，脱壳后制油的花生饼粕营养价值较高，能量和粗蛋白质含量都较高，但氨基酸组成不好，赖氨酸、蛋氨酸含量较低。带壳的花生饼粕粗纤维含量为 20%～25%，粗蛋白质及有效能相对较低。

(5)菜籽饼粕　有效能较低，适口性较差。粗蛋白质含量在 30%～38%，矿物质中钙和磷的含量均高。菜籽饼粕中含有硫葡萄糖苷、芥酸等毒素，在鹿日粮中应控制在 10%以下，肉鹿日粮应控制在 20%以下。

(6)其他加工副产品　加工淀粉的副产品，粗蛋白质含量较高。玉米蛋白粉由于加工方法及条件不同，蛋白质的含量变异很大，在25%～60%，蛋白质的利用率高，氨基酸的组成特点是蛋氨酸含量高而赖氨酸不足，应与其他饲料搭配使用。

2. 单细胞蛋白质饲料

单细胞蛋白质饲料主要包括酵母、真菌及藻类。以酵母最具有代表性，其粗蛋白质含量40%～50%，生物学价值较高，含有丰富的B族维生素。鹿日粮中可添加1%～2%，用量一般不超过10%。

3. 非蛋白氮饲料

非蛋白氮可被瘤胃微生物合成菌体蛋白，被鹿利用。常用的非蛋白氮主要是尿素，含氮46%左右，相当于粗蛋白质288%，使用不当会引起中毒。用量一般与富含淀粉的精饲料混匀饲喂，喂后1小时再饮水。6月龄以上的鹿日粮中才能使用尿素。

（六）能量饲料

1. 谷实类饲料

（1）玉米　玉米被称为“饲料之王”，其特点是：含能最高；黄玉米中胡萝卜素含量丰富；蛋白质含量8%左右，缺乏赖氨酸和色氨酸；钙、磷均少，且比例不合适。

所以玉米是一种养分不平衡的高能饲料，但是一种理想的过瘤胃淀粉来源。玉米可大量用于鹿的精饲料补充料中，成年鹿饲以碎玉米，摄取容易且消化率高；100～150千克以下的鹿，以喂整粒玉米效果较好；压片玉米较整粒喂鹿效果好，不宜磨成面粉。

（2）高粱　能量仅次于玉米，蛋白质含量略高于玉米。高粱在瘤胃中的降解率低，因含有鞣酸，适口性差。但高粱喂鹿易引起便秘。

（3）大麦　蛋白质高，品质亦好，赖氨酸、色氨酸和异亮氨酸含量均高于玉米；粗纤维较玉米多，能值低于玉米；富含B族维生素，缺乏胡萝卜素和维生素D、维生素K及维生素B_{12}。用大麦喂鹿可改善鹿黄油和体脂肪的品质。

（4）小麦　与玉米相比，能量较低，但蛋白质及维生素含量较高，缺乏赖氨酸，B族维生素及维生素E较多。小麦的过瘤胃淀粉较玉米、高粱低，鹿饲料中的用量以不超过50%为宜，并以粗碎和压片效果最佳，不能整粒饲喂或粉碎得过细。

2. 糠麸类饲料

（1）麸皮　包括小麦麸和大麦麸等。其营养价值因麦类品种和出粉率的高低而变化。粗纤维含量较高，属于低能饲料。大麦麸在能量、蛋白质、粗纤维含量上均优于小麦麸。

麸皮具有轻泻作用，质地松软，适口性较好，母鹿产后喂以适量的麦麸粥，可以调节消化道的机能。

（2）米糠　小米糠的有效营养变化较大，随含壳量的增加而降低。粗脂肪含量高，易发生酸败。为使米糠便于保存，可经脱脂生产米糠饼。经榨油后的米糠饼脂肪和维生素减少，其他营养成分基本被保留下来。肉鹿采食适量的米糠，可改善胴体品质，增加肥度。但如果采食过量，可使肉鹿体脂变软变黄。

（3）其他糠麸　主要包括玉米糠、高粱糠和小米糠，其中以小米糠的营养价值较高。高粱糠的消化能和代谢能较高，但因含有单宁，适口性差，易引起便秘，应限制使用。

3. 块根、块茎饲料

（1）甘薯　又称红薯、白薯、地瓜、山芋等，是我国主要薯类之一。甘薯富含淀粉，粗纤维含量少，热能低于玉米，粗蛋白质及钙含量低，多汁味甜，适口性好，生熟均可饲喂。

（2）马铃薯　又称土豆，盛产于我国北方，产量较高，成分特点与其他薯类相似，与蛋白质饲料、谷实饲料混喂效果较好。马铃薯储存不当发芽时含有龙葵素，采食过量会导致鹿中毒。

4. 过瘤胃保护脂肪

研究表明，直接添加大量的油脂（日粮粗脂肪超过9%）对反刍动物效果不好，油脂在瘤胃中影响微生物对纤维的消化，所以添加的油脂应采取某种方法保护起来，形成过瘤胃保护脂肪（图30）。

图30　过瘤胃保护脂肪

最常见的产品有氢化棕榈脂肪和脂肪酸钙盐，不仅能提高鹿生产性能，而且能改善产品质量和鹿肉品质。

（七）矿物质饲料

矿物质饲料一般指为鹿提供食盐、钙源、磷源的饲料。

食盐的主要成分是氯化钠，用其补充植物性饲料中钠和氯的不足，还可以提高饲料的适口性，增加食欲。鹿喂量为精饲料的1%～2%。

石粉和贝壳粉是廉价的钙源，含钙量分别为38%和33%左右，是补充钙营养的最廉价的矿物质饲料。

磷酸氢钙的磷含量在18%以上，含钙不低于23%；磷酸二氢钙含磷21%，钙20%；磷酸钙（磷酸三钙）含磷20%，含氨基酸钙39%常用的无机磷源饲料。

（八）饲料添加剂

1. 氨基酸添加剂

除幼鹿外一般不需额外添加，但对于高产鹿添加过瘤胃保护氨基酸，可提高产量。

2. 微量元素添加剂

微量元素添加剂主要是补充饲粮中微量元素的不足。鹿一般需要补充铁、铜、锌、锰、钴、碘、硒等微量元素，需按需要量制成微量元素预混合剂后方可使用。

3. 维生素添加剂

鹿体内的微生物可以合成维生素K和B族维生素，肝、肾中可合成维生素C。需考虑添加鹿体内不能合成的维生素A、维生素D、维生素K。

4. 瘤胃发酵缓冲剂

碳酸氢钠可调节瘤胃酸碱度，碳酸氢钠添加量占精饲料混合料的1.5%。氧化镁也有类似效果，两者同时使用效果更好，用量占精饲料混合料的0.8%。

二、饲料的配制

（一）饲料配制原则

1. 必须考虑鹿的饲养标准或营养需要量

饲养标准制定出了鹿在不同生物学时期的营养需要量，它是建立在大量饲养试验、消化代谢实验结果之上，结合生产实际给出的鹿能量、蛋白质及各种营养物质需要量的定额数值。目前，在我国颁布的国家或地方标准中已有梅花鹿或马鹿的饲养标准，在设计饲料配方时，应根据具体情况，适当利用饲养标准或者营养推荐需要量所列数值进行参考，以便更好地发挥鹿的生产性能。

2. 饲料成分及营养价值表

饲料成分及营养价值表客观地反映了各种饲料的营养成分和营养价值，特别是鹿对其的消化代谢率，用它可科学准确地提供配制饲料的理论计算值，对促进饲料资源的合理利用、提高鹿的生产效率和降低生产成本有重要作用。在配制饲料时，先应结合饲料成分及营养价值表，计算所设计饲料配方是否符合各物质规定的要求，以进行调整。对于同一饲料原料，由于生长季节、地区及品种等的不同，其营养成分也不尽相同，有条件的单位可进行常规饲料成分分析，如没有条件，可选用平均参考值进行计算。计算混合饲料的营养成分往往与实测值不同，在大型生产场应配制后再检测，保证鹿饲料营养成分供给的平衡准确性。

3. 配合饲料应考虑日粮的适口性及鹿采食的习惯性

鹿对饲料的选择性较大，有些对鹿适口性差的饲料配比过多，会引起鹿拒食。设计饲料配方时应选择适口性好、无异味的饲料，对适口性差的饲料可少加或添加调味剂，以提高其适口性，如鱼粉、玉米蛋白粉、棉籽饼等，但应限制在一定比例。同时应结合生产实际经验，考虑饲料的适口性及鹿采食的习惯性，合理调配日粮，使鹿爱吃。

4. 必须结合鹿不同生物学时期的生理状态、消化生理特点选用适宜的饲料

鹿为反刍动物，可消化大量的粗饲料，但由于鹿不同生物学时期生理特点不同，选配饲料时应充分考虑如在生产公鹿越冬期可大量选用粗饲料，仅需视体况条件供给精饲料，有的鹿场仅饲喂粗饲料就可满足鹿越冬营养需要，对于母鹿妊娠后期营养需求大，应选用高能蛋白质饲料进行配置，同时应适当减少饲料容积，减少因采食食物体积过大而对胎儿造成挤压。

5. 所选饲料应考虑经济的原则

应尽量选择营养丰富而价格低的饲料进行配合，以降低饲料成本，同时饲料的种类和来源也应考虑到经济原则，根据实际情况，因地制宜、因时制宜地选用饲料，保证饲料来源的方便、稳定。

6. 组成日量的饲料原料尽可能多样化

在进行日粮配合时，作为单一的饲料原料，如能量饲料、蛋白质饲料及含矿物质、微量元素丰富的饲料等，它们所能提供的营养物质过于单一，有可能

配不出所需营养的日粮，如单一的玉米、麦麸就配不出含蛋白质20%的日粮，所以在日粮配合时，尽可能有较多的可供选择的饲料原料，以满足不同的营养需求。

7. 全面考虑

在配合饲料时，易忽视粗饲料的营养供给，应当把粗饲料与精饲料作为一个整体考虑配合，使日粮营养成分均衡齐全。

（二）饲料配制应考虑的因素

1. 日粮类型

鹿的日粮类型配合应把粗饲料看作基础饲料，在满足粗饲料的基础上决定补加相应的精饲料日粮。由于鹿是反刍动物，能大量利用粗饲料，在草叶丰富的夏秋季节，仅营养丰富的牧草就可以满足其营养需要，但在我国以生茸为主要目的的饲养条件下，精饲料的补充可起到增茸的目的。粗饲料具有较大的体积，可使鹿有饱感，在采食量的调节上也有很大作用。在什么时候选用什么日粮类型，对生产效益的发挥有关键作用。

2. 饲料采食量

进行饲料配方设计时，应知道鹿所需采食的数量，营养浓度不同的日粮，鹿采食相同的数量将导致其采食的营养物质不一样，所以在进行配方设计时，应首先考虑鹿的采食量。例如欲使生茸梅花公鹿每天采食380克蛋白质，如果其日粮采食量为3.5千克，则日粮蛋白质浓度应为10.86%；如果每天仅采食2.5千克，则日粮蛋白质浓度须增加为15.2%，才能达到所要求的每日蛋白质的进食量。

日粮的物理浓度、加工方式、毒性、适口性等均影响鹿的采食量，在进行饲料配合时均应考虑。比如高粱含有单宁，添加时不应超过10%，玉米蛋白粉不宜大量饲喂鹿等，以免影响其预期采食量及饲喂效果。

3. 能量需要

在设计饲料配方时，应首先考虑能量需要，然后再考虑蛋白质、矿物质及维生素等营养物质的需要。提供能量的饲料在日粮中所占比例最大，在设计饲料配方时，如果首先考虑其他营养物质，一旦能量不平衡，则需要重新调整各类饲料的组成；如果首先满足能量的需要，对蛋白质、矿物质及微生物的不足，可采用各类添加物来补充，而不必调整所有的饲料原料的含量。

4. 精粗比

在鹿的饲料配制时，应考虑精饲料与粗饲料的比例关系，一般应尽量利用粗饲料，但为了最大限度发挥生产潜力及满足鹿某一生理时期的营养需要，精饲料的补充也是必不可少，当然也不必过大，以免加大了投入比例，造成生产浪费。圈养条件下，非优质粗饲料在生茸期及母鹿妊娠后期比例一般为35%～40%，如果再大就难以满足生产的需要，造成不必要的损失或生产性能下降。

（三）饲料配合方法

饲料配合的常规方法有交叉法、代数法和试差法。试差法可用于多种原料、多种指标的计算，因而是最常用的饲粮配合方法。交叉法又称为方块法，主要适用于原料种类少，尤其是在应用浓缩饲料时的2～3种原料的配合时，其特点是快速、简便。代数法的特点与交叉法相似，凡是可用交叉法计算的均可用代数法。

有研究者研制的茸鹿饲料配方优化系统，能够完成最初设定的功能，采用该系统计算饲料配方，速度快，约束条件全面，输出信息完备，能够根据实际条件得出符合营养要求、成本最低的饲料配方。

（四）我国鹿种日粮构成和配制

由于篇幅所限，本书只列出部分标准里的饲养要求。

1. 马鹿日粮构成和配制

《东北马鹿养殖技术规程》中有关马鹿饲养的内容。

（1）公鹿

1）日粮组成　见表16至表19。

表16　种公鹿精饲料表［克/（天·只）］

饲料种类	生理阶段				
	配种前期	配种期	越冬期	生茸前期	生茸期
豆饼、豆科籽实	300	200	400	1 000	1 800
禾本科籽实	800	800	900	2 000	2 200
糠麸类	200	—	200	300	200

续表

饲料种类	生理阶段				
	配种前期	配种期	越冬期	生茸前期	生茸期
食盐	25	25	30	35	30
磷酸氢钙	25	25	30	30	40

注：各时期所需添加维生素、矿物质、氨基酸等类添加剂用量按使用说明添加。

表 17　种公鹿粗饲料表 [千克 / (天 · 只)]

饲料种类	生理阶段				
	配种前期	配种期	越冬期	生茸前期	生茸期
青绿多汁料	3.0	3.0	4.0	4.0	4.0
干粗饲料	5.0	4.0	7.0	7.0	6.0
块根、块茎及瓜果类	1.0	1.0	4.0	3.0	—

表 18　生产公鹿精饲料表 [克 / (天 · 只)]

饲料种类	生理阶段			
	维持期	越冬期	生茸前期	生茸期
豆饼、豆科籽实	300	400	1 000	1 800
禾本科籽实	800	900	2 000	2 200
糠麸类	200	200	300	200
食盐	20	30	35	30
磷酸氢钙	20	30	30	40

注：各时期所需添加维生素、矿物质、氨基酸等类添加剂用量按使用说明添加。

表19　生产公鹿粗饲料表［千克/（天·只）］

饲料种类	生理阶段			
	维持期	越冬期	生茸前期	生茸期
青绿多汁料	3.0	4.0	4.0	4.0
干粗饲料	5.0	7.0	7.0	6.0
块根、块茎及瓜果类	1.0	4.0	3.0	—

2）公鹿饲喂配比　见表20、表21。

表20　种公鹿的饲喂情况表（%）

饲喂时间	饲喂量									
	配种前期		配种期		越冬期		生茸前期		生茸期	
	精饲料	粗饲料	精饲料	粗饲料	精饲料	粗饲料	精饲料	粗饲料	精饲料	粗饲料
8:00	35	25	50	25	35	20	35	25	35	25
12:00	—	30	—	30	—	30	—	30	—	30
16:00	30	20	—	20	30	20	30	20	30	20
22:00	35	25	50	25	35	30	35	25	35	25

表21　生产公鹿的饲喂情况表（%）

饲喂时间	饲喂量							
	维持期		越冬期		生茸前期		生茸期	
	精饲料	粗饲料	精饲料	粗饲料	精饲料	粗饲料	精饲料	粗饲料
8:00	50	25	35	20	35	25	35	25
12:00	—	30	—	30	—	30	—	30
16:00	—	20	30	20	30	20	30	20
22:00	50	25	35	30	35	25	35	25

（2）成年母鹿

1）日粮组成　见表 22 和表 23。

表 22　成年母鹿精饲料表［克/（天·只）］

饲料种类	生理阶段		
	配种和妊娠初期（9～10 月）	妊娠期（11 月至翌年 4 月）	产仔哺乳期（5～8 月）
豆饼、豆科籽实	800	800	900
禾本科籽实	400	500	500
糠麸类	600	600	700
食盐	35	40	35
磷酸氢钙	30	40	30

表 23　成年母鹿粗饲料表［千克/（天·只）］

饲料种类	生理阶段		
	配种和妊娠初期（9～10 月）	妊娠期（11 月至翌年 4 月）	产仔哺乳期（5～8 月）
青绿多汁料	5.0	3.0	6.0
干粗饲料	7.0	5.0	6.0
块根、块茎及瓜果类	3.0	1.5	—

2）母鹿饲喂情况　见表 24。

表 24　母鹿饲喂情况表（%）

饲喂时间	饲喂量					
	配种期		妊娠期		哺乳期	
	精饲料	粗饲料	精饲料	粗饲料	精饲料	粗饲料
8:00	50	25	40	25	40	20
12:00	—	30	30	30	30	30

饲喂时间	饲喂量					
	配种期		妊娠期		哺乳期	
	精饲料	粗饲料	精饲料	粗饲料	精饲料	粗饲料
16:00	50	20	30	20	30	20
22:00	—	25	—	25	—	30

（3）仔鹿

1）日粮组成　见表25至表28。

表25　哺乳仔鹿精饲料表［克/（天·只）］

饲料种类	日龄			
	20～30	31～50	51～70	71～90
豆饼、豆科籽实	60～120	160～240	300～360	360～480
禾本科籽实	30～60	90～120	150～180	180～240
糠麸类	10～20	30～40	50～60	60～80
食盐	2	4	8	10
磷酸氢钙	2	4	8	10

注：各时期所需添加维生素、矿物质、氨基酸等类添加剂用量按使用说明添加。

表26　离乳仔鹿精饲料表［克/（天·只）］

饲料种类	月份				
	8	9	10	11	12
豆饼、豆科籽实	300	400	500	500	600
禾本科籽实	200	200	200	300	400
糠麸类	100	100	100	100	100
食盐	10	10	10	10	10

续表

饲料种类	月份				
	8	9	10	11	12
磷酸氢钙	10	10	15	15	15

表 27　育成仔鹿精饲料表［克/（天·只）］

饲料种类	育成公马鹿				育成母马鹿			
	1 季度	2 季度	3 季度	4 季度	1 季度	2 季度	3 季度	4 季度
豆饼、豆科籽实	800	900	1 000	1 000	800	800	800	800
禾本科籽实	400	500	500	500	300	400	400	400
糠麸类	600	600	600	600	500	600	600	600
食盐	15	20	20	25	15	20	20	25
磷酸氢钙	15	15	20	25	15	15	20	25

表 28　育成仔鹿粗饲料表［千克/（天·只）］

饲料种类	育成公马鹿				育成母马鹿			
	1 季度	2 季度	3 季度	4 季度	1 季度	2 季度	3 季度	4 季度
青绿多汁料	1.5	4.0	12.0	4.0	1.5	4.0	1.5	4.0
干粗饲料	1.5	3.0	2.5	4.0	1.5	2.5	2.0	3.5
块根、块茎及瓜果类	0.6	—	—	1.0	0.5	—	—	1.0

2）仔鹿饲喂情况　见表 29。

表 29　仔鹿饲喂情况表（克）

饲喂时间	饲喂量					
	哺乳仔鹿		离乳仔鹿		育成鹿	
	精饲料（出生后 20 ~ 30 天）	精饲料（出生后 31 ~ 90 天）	精饲料	精饲料	精饲料	精饲料
5:00	—	—	25	20	—	—
7:00	50	35	—	—	—	—
8:00	—	—	—	—	40	25
9:00	—	—	25	20	—	—
12:00	—	30	—	—	—	30
13:00	—	—	25	20	—	—
16:00	50	—	—	—	30	25
17:00	—	—	—	20	—	—
22:00	—	—	—	—	—	—
24:00	—	—	—	—	—	—

2. 梅花鹿日粮构成和配制

本书列出北京市的地方标准《梅花鹿饲养技术规范》中的日粮构成和配制。

（1）精饲料日粮标准

1）成年公鹿日粮标准　见表 30。

表 30　成年公鹿日粮标准（千克 / 只）

时期	头锯	2 锯	3 ~ 6 锯	7 锯以上
配种期	0.75	0.7	0.3	0.5
越冬期	0.8	0.75	0.7	0.75
生茸前期	0.8 ~ 1.5	0.8 ~ 1.5	0.8 ~ 1.6	1.0 ~ 1.8
生茸期	1.5 ~ 1.75	1.6 ~ 1.8	1.7 ~ 2.0	2.0 ~ 2.25

2）成年公鹿日粮配比　见表 31。

表 31　成年公鹿日粮配比

时期	玉米（%）	豆粕（%）	麦麸（%）	大豆（熟）（%）	盐（克）	磷酸氢钙（克）
配种期	65	20	15	—	20	20
越冬期	70	20	10	—	20	20
生茸前期	50	30	15	5	20	20
生茸期	40	40	10	10	25	25

3）母鹿日粮标准　每只初配母鹿日粮标准见表 32，每只成年母鹿日粮标准见表 33。

表 32　初配母鹿日粮标准

时期	日喂量（千克）	玉米（%）	饼粕（%）	麦麸（%）	盐（克）	磷酸氢钙（克）
配种期	0.8	60	30	10	15	15
妊娠期	0.75	62	30	8	15	15
哺乳期	1.0	55	35	10	20	20

表 33　成年母鹿日粮标准

时期	日喂量（千克）	玉米（%）	饼粕（%）	麦麸（%）	盐（克）	磷酸氢钙（克）
配种期	1.0	60	30	10	20	20
妊娠期	0.8	60	30	10	20	20
哺乳期	1.2	55	35	10	25	25

4）离乳仔鹿和育成鹿日粮标准及配比　每只离乳仔鹿和育成鹿日粮标准及配比见表 34。

表 34　离乳仔鹿和育成鹿日粮标准及配比

日龄	日喂量（千克）	玉米（%）	豆粕（%）	麦麸（%）	熟大豆（%）	盐（克）	磷酸氢钙（克）
9 ~ 10	0.3 ~ 0.75	40	40	10	10	10	10

续表

项目	日喂量（千克）	玉米(%)	豆粕(%)	麦麸(%)	熟大豆（%）	盐(克)	磷酸氢钙（克）
11 ~ 12	0.75 ~ 0.8	40	40	10	10	15	15
1 ~ 2	0.8 ~ 0.9	45	35	10	10	15	15
3 ~ 4	0.9 ~ 1.0	40	40	10	10	15	15
5 ~ 8	1.0 ~ 1.2	40	40	10	10	15	15

5)粗饲料日粮标准　见表35。

表35　粗饲料日粮标准（千克/只）

离乳仔鹿	育成公鹿	成年公鹿	育成母鹿	成年母鹿
0.5 ~ 2.5	3 ~ 4	3 ~ 4.5	2.5 ~ 3.5	3 ~ 4

二、饲料生产

（一）饲料加工调制方法

1. 大豆饲料的加工

(1)机械处理

1)浸泡　将大豆用足够的水浸泡，以使其膨胀软化。

2)磨碎　将大豆或浸泡后膨胀软化的大豆用磨碎机械磨成大豆粉或豆浆。

3)制浆　将大豆粉添加适量的水，然后加热制成稀浆，或者将豆浆加热，制成熟豆浆，将浆液拌入精饲料或者让其直接饮饲。这种方法不仅可提高大豆的适口性，而且可使大豆中的抗胰蛋白酶的活性丧失，从而提高蛋白质的利用率。在公鹿的生茸期和母鹿产仔哺乳期饲喂熟豆浆，效果很好。按100～300克/(天·只)饲喂即可。

(2)发芽　在大豆中加入适量的温水，24小时后大豆就会渐渐萌芽。大豆发芽后，会使蛋白质部分分解，但糖分、维生素与各种酶会相应增加，在冬季缺乏青饲料的情况下，可适当地使大豆发芽饲喂。

2. 饼粕类饲料的加工

(1)湿润与浸泡　湿润法可用于豆粕的加工，浸泡法可用于豆饼的加工，均有利于豆粕和豆饼的软化及泡去有毒物质。

（2）蒸煮　将湿润后的豆粕或浸泡后的豆饼用蒸煮或高压蒸煮的方法，可以进一步提高饼粕饲料的适口性，提高其消化率，同时还可破坏抗胰蛋白酶的活性。蒸煮成黄褐色为好。

（3）磨碎　将豆饼或豆粕直接用粉碎机粉碎，然后再用蒸煮的方法进行加工调制。

3. 禾本科籽实类饲料的加工

（1）磨碎、压扁与制粒　玉米、大麦、小麦、高粱等籽实具壳皮，直接饲喂后鹿如果咀嚼不完全而进入胃肠时，就不容易被各种消化酶或微生物作用，而整粒随粪便排出。因此，需采取磨碎、压扁或制粒等加工方法。磨碎程度应适当，过细形成粉状饲料，适口性反而变差，在胃肠里易形成黏性面状物，很难消化。过粗则达不到粉碎的目的，以直径 1 ～ 2 毫米为宜。制粒是将籽实饲料用颗粒机制成颗粒料，便于补饲。放牧的茸鹿可不用饲槽，就地撒喂即可。

（2）湿润　用水将粉碎的饲料润湿、搅拌，有利于咀嚼和提高适口性。

（3）发芽　大麦发芽后，部分蛋白质分解为氨化物、糖分、维生素，各种酶增加，纤维素也增加，但无氮浸出物减少。在冬季缺乏青饲料的情况下，为使日粮具有一定的青饲料性质，可以适当地应用发芽饲料。

籽实发芽有长芽与短芽之分，长芽（6 ～ 8 厘米）以供给维生素为主，短芽则利用其中含有的各种酶，以供制作糖化饲料或提高适口性。

（4）糖化　饲料糖化可用加入麦芽的方法，或利用各种饲料本身存在的酶来进行。各种籽实中含有各种酶，在干燥条件下无活性，有适当的水分并保持适当的温度（60 ～ 65℃，为糖化酶作用的最佳温度），经 2 ～ 4 小时就可以完成。糖化的饲料可增强适口性并提高消化率。

4. 糠麸类饲料的加工

（1）制粒　是将糠麸利用颗粒机制成颗粒料。糠麸制成颗粒后，营养价值有一定的提高。

（2）湿润　糠麸用水湿润后，便于采食，或者同其他精饲料拌匀，有利于提高适口性。

（3）蒸煮　将糠麸或与其他精饲料调拌后进行蒸煮，可提高其消化率。

（二）粗饲料的加工技术

1. 机械处理

粗饲料经过机械处理后，可以提高采食量，减少浪费，提高粗饲料的利用率。有以下几种机械处理方法：

（1）切短　切短有利于咀嚼，便于拌料，减少浪费，提高利用率。切短的秸秆拌入适量的糠麸后，能增强适口性，提高鹿的采食量。长短要适中，太短不利咀嚼和反刍。一般以切短至 3 ～ 4 厘米为宜。

（2）磨碎　磨碎能提高粗饲料的消化率。有些粗饲料（苜蓿）磨碎后，在日粮中占有适当的比例可提高采食量，从而减少能量的消耗。

（3）碾青　碾青是将干、鲜粗饲料分层铺垫后用磙子碾压，挤出水分，以加速鲜粗饲料干燥的方法。

2. 化学处理

机械处理只是改变了粗饲料中的某些物理性质，对粗饲料的利用和营养价值的提高有一定的作用，但不如化学处理的作用大。化学处理是指用氢氧化钠、石灰、氨、尿素等碱性物质处理秸秆等粗饲料，以打开纤维素、半纤维素与木质素之间的酯链，使之更易被瘤胃微生物所分解，从而提高消化率。

（1）氢氧化钠处理　草类的木质素在 20% 的氢氧化钠溶液中形成羟基木质素，24 小时内几乎完全被溶解。一些与木质素有联系的营养物质如纤维素、半纤维素被分解出来，从而提高秸秆的营养价值。具体方法：用 8 倍于秸秆重量的 2% 氢氧化钠溶液浸泡 12 小时后用水冲洗，直至水液为中性止。此法虽保持原有的结构与气味，鹿也喜爱采食，而且营养价值提高，有机物质消化率约提高 24%，但此法费时费水费力，且需做好氢氧化钠的防污处理，故应用较少。一般多采用 2% 氢氧化钠溶液喷洒的方法（每吨秸秆 300 升溶液），随喷随拌，堆置数天，不经冲洗而直接饲喂。此法处理后，秸秆有机物质的消化率约提高 15%，饲喂后无不良后果，只是饮水增多，所以排尿也多。此法不用水冲洗，故应用较为广泛。

（2）氢氧化钙处理　氢氧化钙（石灰）法效果比氢氧化钠差。秸秆处理后易发霉，但石灰来源广，成本低，钙又是鹿所需的矿物质元素之一，故也可使用。如再加入 1% 的氨，能抑制霉菌生长，可防止秸秆发霉。

（3）微生物处理　即饲料微贮的加工技术。具体步骤如下：

1）菌种的复活　秸秆发酵活干菌每袋3克装，可处理麦秸、稻秸1吨或青秸秆2吨。在处理使用前，将活干菌剂倒入200毫升水中充分溶解，然后在常温下放置1～2小时，使菌种复活。

2）将复活的菌剂倒入充分溶解的0.8%～1.0%的食盐水中拌匀　一般1吨麦秸或稻秸中用食盐9～12千克，自来水1 200～1 400千克，使储料含水量控制在60%～70%。如果贮存1吨玉米秸，食盐用量为6～8千克，自来水用量为800～1 000千克（实际为将复活菌剂溶解在生理盐水中）。

3）把用于微贮的秸秆铡成3～5厘米长　便于压实，并可提高微贮窖的利用率。

4）在窖底铺上20～30厘米厚的秸秆，均匀喷洒菌液水　压实后再喷洒菌液并压实，逐层进行，直到高于窖口40厘米时再封口。封口之前，在最上面一层均匀撒上食盐粉，压实后盖上塑料薄膜，食盐用量为每平方米250克，其余与青贮窖封口方法相同。

秸秆微贮温度为10～40℃，春、夏、秋三季都可制作。封窖21～30天后，便可完成微贮过程，取出可饲用。

（4）氨处理　即氨化饲料的加工技术。

1）无水液氨氨化处理　将秸秆堆垛起来，上盖塑料薄膜，接触地面的薄膜应留有一定的余地，以便四周压上泥土，使之成密封状态。在垛的底部用一根管子与装无水液氨的罐相连接，开启罐上的压力表，按秸秆重的30%通进液氨。氨气可迅速扩散至全垛，但氨化速度很慢，处理时间取决于气温。气温低于5℃，需8周以上；5～15℃需4～8周；15～30℃需1～4周。饲喂前要揭开薄膜晾1～2天，使残留的氨气挥发。不开垛可长期保存。

2）农用氨水氨化处理　用含氨量15%的农用氨水氨化处理，可按10%秸秆重的比例，把氨水均匀喷洒在秸秆上，逐层堆放逐层喷洒，最后将堆好的秸秆用薄膜封紧。

3）尿素氨化处理　由于秸秆中存在尿素酶，加进尿素即可分解尿素产生氨，从而起到氨化作用。加进尿素后，用塑料膜覆盖。按秸秆重量的3%加进尿素，将3千克尿素溶解于60千克水中，均匀地喷洒在100千克秸秆上，逐层堆放，用塑料薄膜盖紧。

4）碳酸氢铵氨化　将稻草切短，按10%～12%均匀拌入碳酸氢铵和一定量水分，塑料薄膜密封。20℃需3周，25℃需2周，30℃则需1周时间即可完成氨化过程。如果储存温度低于10℃，则需5周以上时间。试验表明，一般以不低于20℃储存为好。

秸秆经氨化处理后，颜色棕褐，质地柔软，鹿采食量可增加20%，干物质消化率提高10%左右，粗蛋白质含量有所增加，对鹿生产性能的提高有一定的作用。

（三）蛋白质的加工技术

1. 化学方法

化学保护方法所采用的化学药品很广泛，有甲醛、单宁、乙醇、戊二醛、乙二醛、氯化钠、氢氧化钠和苯甲叉四胺等。其作用原理是利用它们与蛋白质分子间的交叉反应，在酸性环境是可逆的特性。目前常用的化学药品主要有甲醛、氢氧化钠、锌盐和单宁，且主要用于蛋白质过瘤胃保护。

（1）甲醛处理　甲醛保护蛋白质的理论基础是甲醛与蛋白质可发生化合反应，形成酸性溶液中可逆的桥键，使得处理后的蛋白质在瘤胃弱酸环境中处于不溶解状态，因而微生物难以对其降解利用。而在到达真胃酸性较强的环境时桥键断裂，在小肠中被水解、消化、吸收。大多数研究表明，利用甲醛处理蛋白质饲料能显著降低蛋白质在瘤胃中的降解率。

（2）单宁处理　单宁是多羟基酚类化合物，有很强的极性，与蛋白质发生两种类型的反应，一类为水解反应，在真胃酸性条件下可逆，易为家鹿消化利用；另一类为不可逆的缩合反应，降低了饲料的适口性，抑制酶和微生物活性，与蛋白质形成了不良复合物，消化率降低。

（3）氢氧化钠处理　在研究中发现，当50%的氢氧化钠溶液用量占干物质的2%时，可显著降低蛋白质的瘤胃降解率，蛋白质的瘤胃降解率最低时碱液的添加量为3%，当添加量增加为4%时，保护效果不佳。

（4）乙醇处理　有研究表明，用70%乙醇处理豆饼，其蛋白质在瘤胃内的降解率显著低于未处理豆饼，但用30%、50%和90%乙醇浸泡处理对豆粕的瘤胃降解率影响不大。

除以上方法外，还有许多学者研究了戊二醛、乙二醛、氯化钠、丙酸和锌盐等化学物质对优质蛋白质饲料的过瘤胃保护作用。

2. 加热处理

加热处理是降低饲料中一些抗营养因子作用的一种最常用的方法，许多学者证明加热处理可明显降低优质蛋白质饲料的过瘤胃率。

3. 复合保护处理

有研究表明，用戊糖保护豆粕成功降低了豆粕蛋白质的瘤胃降解率。戊糖含有多个醛或酮，加热后可以和蛋白质的氨基酸残基发生美拉德反应。所谓美拉德反应，是广泛存在于食品、饲料加工中的一种非酶褐变反应，是如胺、氨基酸、蛋白质等氨基化合物和羰基化合物（如还原糖、脂质以及由此而来的醛、酮、多酚、抗坏血酸、类固醇等）之间发生的非酶反应，也称为羰氨反应。

（四）青贮加工技术

青贮饲料是鹿的理想粗饲料，已成为日粮中不可缺少的部分。

1. 常用的青贮原料

青刈带穗玉米，玉米带穗青贮，即在玉米乳熟后期收割，将茎叶与玉米穗整株切碎进行青贮，这样可以最大限度地保存蛋白质、碳水化合物和维生素，具有较高的营养价值和良好的适口性，是鹿的优质饲料。玉米带穗青贮其干物质中含粗蛋白质 8.4%，碳水化合物 12.7%。

青玉米秸，收获果穗后的玉米秸上能保留 1/2 的绿色叶片，应尽快青贮，不应长期放置。若部分秸秆发黄，3/4 的叶片干枯视为青黄秸，青贮时每 100 千克需加水 5 ～ 15 千克。

各种青草，所含的水分与糖分均适宜于调制青贮饲料。豆科牧草如苜蓿因含粗蛋白质量高，可制成半干青贮或混合青贮。禾本科草类在抽穗期，豆科草类在孕蕾及初花期刈割为好。

甘薯蔓、白菜叶、萝卜叶亦可作为青贮原料，应将原料适当晾晒到含水为 60%～ 70%，然后青贮。

2. 青贮原料的切短长度

细茎牧草以 7 ～ 8 厘米为宜，而玉米等较粗的作物秸秆最好不要超过 1 厘米，国外要求 0.7 ～ 0.8 厘米。

3. 青贮容器类型

青贮窖青贮，如是土窖，四壁和底衬上塑料薄膜（永久性窖可不铺衬）。先在窖底铺一层 10 厘米厚的干草，以便吸收青贮液汁，然后把铡短的原料逐层装入压实。最后一层应高出窖口 0.5 ～ 1 米，用塑料薄膜覆盖，然后用土封严，四周挖好排水沟。封顶后 2 ～ 3 天在下陷处填土，使其紧实隆凸。

塑料袋青贮，将青贮原料切得很短，装入塑料袋，逐层压实，排尽空气并压紧后扎口即可，尤其注意四角要压紧。

青贮饲料设施与制作见图 31 至图 33。

图 31　青贮设施（左为青贮塔，右为青贮坑）

图 32　青贮（收割—粉碎—装坑—拌菌—压实—封口）

图 33　塑料袋青贮（割草—粉碎—打包）

4. 青贮特殊青贮饲料的制作

（1）低水分青贮　亦称半干青贮，其干物质含量比一般青贮饲料高1倍多，无酸味或微酸，适口性好，色深绿，养分损失少。制作低水分青贮时，青饲料原料应迅速风干，在低水分状态下装窖、压实、封严。

（2）混合青贮　常用于豆科牧草与禾本科牧草混合青贮以及含水量较高的牧草与作物秸秆进行的混合青贮。豆科牧草与禾本科牧草混合青贮时的比例以1 ∶ 1.3为宜。

（3）添加剂青贮　是在青贮时加进一些添加剂来影响青贮的发酵作用，如添加各种可溶性碳水化合物、接种乳酸菌、酶制剂等可促进乳酸发酵；加入各种酸类、抑菌剂等可抑制腐生菌的生长；加入尿素、氨化物等可提高青贮饲料的养分含量。

三、饲喂技术

1. 青贮饲料的饲喂技术

一般青贮在制作45天后即可开始取用。鹿对青贮饲料有一个适应过程，用量应由少逐渐增加，日喂量15 ～ 25千克。禁用霉烂变质的青贮料喂鹿。

2. 全混日粮（TMR）饲喂技术

TMR技术在牛、鹿等反刍动物上的应用已经成熟，在发达国家的现代化农业中应用广泛。应用TMR可以改善饲料的适口性，有效防止动物挑食，恒定适宜的精、粗饲料比在促进瘤胃发酵、提高营养物质消化率上作用显著。

长期以来梅花鹿在圈养条件下，精、粗饲料分饲，因为粗饲料适口性差、精粗比不易控制，造成瘤胃功能异常，引起生产性能下降。将玉米等农作物秸秆经过粉碎与精饲料、添加剂、营养有益因子按适宜比例混合，加工成TMR）后，可有效改善粗饲料适口性，提高营养物质消化率。精、粗饲料比为55 ∶ 45时效果最好，可显著提高日粮中营养物质消化利用率影响鹿茸产量和质量，且通过血清指标反映茸鹿体况最佳，生产性能最好。

延伸阅读

提高饲料生产效率的对策

1. 推广粗饲料微贮和酶解新技术，提高饲料利用率，减少精饲料消耗

用发酵活干菌处理后的玉米秸秆饲喂梅花鹿，适口性明显改善，采食量增加 20% ~ 40%，成本仅为氨化秸秆的 20%、玉米青贮的 25% ~ 30%，经济效益显著。应用 EM 强力秸秆发酵剂处理秸秆，粗纤维消化率提高 43.77%，有机物消化率提高 29.4%，鹿的采食量提高 20% ~ 40%，饲料报酬提高 20%。梅花鹿饲喂纤维素复合酶（每日每只 50 克）增茸试验，取得了鹿茸增重 20% ~ 30%、饲料粗蛋白质消化率提高 7.54%、粗纤维消化率提高 14.94%、饲料消耗降低 7.48%的明显效果，同时鹿茸品质得到改善。

2. 科学利用非蛋白质氮类饲料资源，可以大量节约精饲料

禾本科籽实、豆科籽实及其饼粕类是茸鹿繁育期、生茸期和幼鹿生长发育期重要的补充饲料，其费用占饲养总成本的 50%以上。由于鹿等反刍动物的瘤胃微生物能够利用非蛋白质氮合成菌体蛋白供鹿机体利用，因此应用尿素缓释技术制成尿素精饲料、尿素舔砖、尿素秸秆压缩饲料、尿素淀粉等饲喂鹿，能够安全有效地利用非蛋白质氮饲料合成机体蛋白质，可节约大量蛋白质类饲料，降低饲养成本。

3. 应用蛋白质饲料过瘤胃保护技术，提高饲料利用率

实践证明，采用化学调控、热处理、化学试剂保护、蛋白质包被、氨基酸包被、瘤胃外流速度调控、食管沟反射利用等蛋白质饲料过瘤胃保护技术，能够有效减少蛋白质饲料在反刍动物瘤胃内的降解，提高其在真胃内的利用率，并满足幼龄以及高生产力动物对蛋白质的需要，显著提高饲料报酬。

4. 推广应用茸鹿营养需要研究成果，开发利用茸鹿饲料添加剂、精饲料预混合饲料和全价配合饲料

目前我国已经在梅花鹿消化生理和营养需要等方面取得国际领先水平的科研成果，并已开发出梅花鹿复合添加剂、系列精饲料补充料和预混合饲料，幼鹿成活率明显提高，提高鹿茸产量 29.21%，节约精饲料 15.07%，公鹿平均纯增收益 312.80 元 / 只。进一步研究开发鹿用全价配合饲料，有效缓解我国养鹿业与农业争粮、与林业争地的矛盾，对促进我国养鹿业向集约化、科学化、规范化方向可持续发展和参与国际竞争将产生重大而深远的影响。

专题四
茸用鹿饲养管理技术

专题提示

目前，由于我国人口多，劳动力资源丰富，而草地及林区面积相对较少，饲养茸鹿主要采用圈养方式，采取放牧、散放或半散放等其他饲养方式的较少。在圈养条件下，科学地进行鹿的饲养管理，对实现高效养鹿和发展养鹿业有重要的意义。对于野性较强的鹿，生产管理者只有根据其生物学特性及生理特点，制定及实施科学经济的饲养管理措施，才能降低饲养成本，最大限度地发挥生产潜力，实现养鹿生产的高效益。

I 茸用公鹿的饲养管理

一、生茸期茸公鹿的饲养管理

（一）生茸期茸公鹿的特点

公鹿生茸期是在4～8月，正处于春夏季节，代谢旺盛，需要的营养物质多，采食量大，长茸期梅花鹿见图34。这个时期饲养管理的好坏直接影响到鹿茸的生长和正常换毛。由于我国南北地理环境和气候条件的差异，公鹿的生茸期也不完全一样。在南方，梅花鹿从3月中旬开始脱盘生茸。在北方，4月初开始脱盘生茸，5～6月为成年公鹿的长茸盛期，6～7月为3～4岁公鹿的生茸盛期，7～8月为生茸后期和再生茸生长期。在这一时期，梅花鹿5岁以上的公鹿只用70天即可长出鲜重3.0千克的鹿茸，平均日增重约43.8克，高者达70克。在这个时期，公鹿消化能力强，新陈代谢旺盛，鹿的体重不断增加，鹿茸生长迅速，需要的营养物质多，特别是蛋白质、维生素和矿物质。马鹿从

3 月中旬开始脱盘生茸，生茸期比梅花鹿长，鹿茸生长更快、日增重量更大，因此需要的营养物质更多、更全面。为满足公鹿生茸的需要，不仅要供给大量粗饲料和青饲料，而且要设法提高日粮的品质和适口性。

图 34　长茸期梅花鹿

（二）生茸期茸公鹿的饲养

为满足公鹿生茸的营养需要，不仅应供给大量精饲料和青饲料，而且要设法提高日粮的品质和适口性。生产中要增加精饲料中豆饼和豆科秆实的比例，供给充足的豆科青割牧草和品质优良的青贮饲料及青绿枝叶饲料，增加矿物质和饮水的供应。放牧公鹿要注重精饲料补饲时的蛋白质和矿物质的供给，而圈养鹿更要注重的是营养的全价性和适口性。但需注意，精饲料中的籽实含油量不能过高，含油量过高的籽实如大豆等应控制喂量，否则不仅造成浪费，而且由于鹿对脂肪的消化吸收能力较差，大量的脂肪积聚在消化道内，与饲料中的钙反应生成脂肪酸钙，从而导致鹿茸的生长停滞、缺钙、鹿茸易倒伏等。

生茸期公鹿的精饲料可由豆饼、高粱或玉米、糠麸等组成。喂量为：种用梅花鹿 1.8 ～ 2.0 千克，生产梅花鹿 1.6 ～ 2.0 千克，头锯到 4 锯鹿 1.5 ～ 1.8 千克。种用马公鹿 3.2 ～ 3.7 千克，生产马公鹿 2.9 ～ 3.5 千克。日粮中的精饲料应由混合精饲料组成，其主要成分和组成为：豆科籽实 50%，禾本科籽实 35%，糠麸类 15%。

公鹿在生茸期的粗饲料供应，除干枝叶、大豆荚皮、玉米秸、豆秸外，舍饲的鹿应配搭一定量的青贮料，公梅花鹿日给量 2 ～ 4 千克，公马鹿为 6 ～ 12 千克；放牧公鹿应补饲育干草和青贮饲料，公梅花鹿日补量 1.7 ～ 3.1 千克，公马鹿为 5.1 ～ 9.3 千克。

每次喂料先精后粗，并尽量延长每次的间隔时间，以提高鹿的采食量。同时，应供给足够的优质青绿饲料，3～6月每日给2次青贮料和1次干粗饲料，6～8月每日给2次青割料和1次干粗饲料，放牧的公鹿在每天2次归牧后要补给精饲料。生茸后期即头茬茸后喂给大量青割饲料，可节约精饲料1/3。再生茸收完后，生产公鹿全部停止供给精饲料，而头锯和2锯公鹿不停止供给精饲料。

公鹿在生茸期间，一定要供给充足的水，每只梅花鹿7～8千克，马鹿14～16千克；保证食盐的供给，梅花鹿25克，马鹿35克，育成鹿25克。补盐时可设盐槽或加到饮水中。

（三）生茸期茸公鹿的管理

1. 加强营养

满足生茸期鹿体增重和生茸的蛋白质需要比其他时期高很多，营养不足时特别是蛋白质营养的不足会造成鹿茸生长缓慢，产量下降，鹿毛粗劣等。试验发现，饲喂蛋白质水平为23%的饲粮比饲喂蛋白质水平14%的饲粮，鹿茸产量提高25%。

公鹿这一时期营养物质的需求还表现在矿物质及维生素上，因此不仅需要高能蛋白质的精饲料，同时要供给鲜嫩的树枝叶，尽量使饲料种类多样化，以防矿物质及维生素的缺乏，地方性微量元素缺乏的鹿场还应添加鹿用添加剂。

2. 减少应激，防止撞伤

公鹿生茸期应减少外人参观，减少外界噪声，保持安静环境，定人定时喂料、扫圈，减少不必要的应激，防止公鹿因惊群损伤鹿角。在管理上应经常观察鹿群，及时制止顶斗、啃茸等恶癖，必要时单独隔离或调入其他鹿群，同时尽可能减少调圈，及时维修圈中突出物，减少不必要的损茸。

3. 加强卫生防疫，减少疾病

定期给圈舍消毒，防止疾病发生。对水槽、料槽及地面用3%氢氧化钠溶液消毒，饮水用0.5%漂白粉消毒，做到食槽、水槽及饮水清洁卫生，以发挥鹿应有的生产性能。

4. 防暑降温，保证饮水

夏季炎热，鹿一般早、晚采食，生产中结合这一特点，给料圈舍内应有遮阳棚让鹿躺卧，必要时应驯化鹿进行井水喷洒降温，并保证充足卫生的饮水。有条件的可设置淋浴设备或浴池，同时应及时清除粪便残物。

5. 做好市场调查，合理收取鹿茸

根据鹿自身茸生长发育特点和市场需求，合理收取二杠或三叉茸是取得良好经济效益的关键。

二、配种期茸公鹿的饲养管理

（一）配种期茸公鹿的特点

公鹿在配种期性欲强烈、消化机能紊乱、食欲下降、争偶顶撞严重；3锯以上的种公鹿性活动频繁，经常吼叫和追逐，消耗体力更大。据测定，在良好的饲养管理条件下，成年公鹿在配种期体重平均下降18.12%。公鹿的激烈性行为主要表现在有母鹿发情时，或在阴雨天及配种期的早晚时间。对此时期的公鹿必须改善饲养条件（图35），应设法增进食欲，使其保持旺盛的精力和中等膘情，提高其配种能力和精液品质。在营养上，除了提高饲养水平外，应保持日粮的全价性。在配种季节到来前2个月就开始加强营养。

图35　配种鹿放牧

（二）配种期茸公鹿的饲养

配种期种公鹿的日粮应着重考虑其适口性、催情作用和饲料的品质及多样性，饲料应具有甜、苦、辣的特点，多提供含糖、维生素和矿物质多的饲料，如青割全株玉米、青割大豆、鲜嫩枝叶及瓜类、胡萝卜、大麦芽、大葱等青绿多汁和块根块茎类饲料，精饲料则搭配使用豆饼、大麦、高粱、麦麸等。精饲料的日给量为：种用花公鹿1.0～1.4千克，非种用花公鹿0.5～0.8千克，3～4岁花公鹿1.0～1.2千克，青绿多汁和块根块茎类日给量为1.0～1.5千克；种用马公鹿2.0～2.5千克，非种用马公鹿1.5～2.08千克，3～4岁马公鹿1.7～1.9千克。青绿多汁和块根块茎类日给量为3.0～4.5千克。粗饲料不限。

块根茎、瓜类多汁饲料应洗净、切碎，与精饲料混合饲喂，也可调制成稠粥饲喂。青绿饲料切短后，每天可多喂几次，能提高采食量。为了使种公鹿具备良好的种用体况，收茸后应把种鹿选出单独组群，加强饲养，使种公鹿具备中等以上体况。

（三）配种期茸公鹿的管理

1. 合理供给营养

配种公鹿全面适合的营养是保持鹿良好精液品质、性欲旺盛、配种力强的关键。

2. 加强管理，防止顶斗

配种期间，注意观察种公鹿的健康状况和配种能力，及时更换公鹿。将换出的种公鹿单独组群饲养。设专人昼夜值班，经常哄赶鹿群，使发情母鹿及时交配，并且随时记录配种情况。对生产群公鹿加强看管，控制顶撞和爬跨现象。非配种公鹿和后备种公鹿，应养在远离母鹿群的上风圈舍内，防止受异性气味刺激引起性冲动而影响食欲。同时应保持环境稳定，遵守饲养规程，经常检修圈舍，防止伤鹿和跑鹿。

三、越冬期茸公鹿饲养管理

鹿的越冬期包括配种恢复期和生茸前期两个阶段，这一时期是在 11 月中旬至翌年 3 月末，正值寒冷的季节。

（一）越冬期茸公鹿的特点

配种恢复期鹿体重较轻，体质瘦弱，形成卷腹。胃容积相应变小，非配种鹿的体重也有所下降。此时的公鹿表现性欲低落，食欲和消化机能稍有提高，热能消耗很多。因此，在配合日粮时，应逐渐加大饲料的体积，增加热能饲料的比例，同时供给一定量的蛋白质和维生素，以为生茸储备营养。做到既能使鹿体越冬御寒，也能使鹿增重复壮。

（二）越冬期茸公鹿的饲养

在日粮配合时，要求逐渐加大日粮容积，提高热能饲料比例，因此，日粮应以粗饲料为主，精饲料为辅，以锻炼鹿的消化器官适应能力，提高其采食量和胃容量。同时必须供给一定数量的蛋白质，满足瘤胃中微生物生长和繁育的营养需要。除此之外，在配种恢复期应逐渐增加禾本科籽实饲料，而在生茸前期则应逐渐增加豆饼或豆科籽实饲料。精饲料中玉米、高粱等热能饲料占

50%左右，与一定量的精饲料和酒糟混喂。

精饲料的日喂量：种用花公鹿1.5～1.7千克，非种用花公鹿1.3～1.6千克，3～4岁花公鹿1.2～1.4千克；种用公马鹿2.1～2.7千克，非种用公马鹿1.9～2.2千克，3～4岁公马鹿1.9～2.1千克。

越冬期昼短夜长、天气寒冷，采食大量粗纤维后需较长的反刍时间，因此在这一时期的饲喂时间应均衡，以保证鹿有充分消化时间和良好的食欲。公鹿白天饲喂2次热精饲料、3次粗饲料，夜间喂1次热精饲料和1次粗饲料，并保证足够的饮水。在寒冷地区最好饮用温水，这样有利于机体能量的保存。许多鹿场对于豆秸、玉米秸和野干草等粉碎发酵，并混合一定数量的精饲料，并且在2月就开始逐渐增加青贮玉米的喂量。

（三）越冬期茸公鹿的管理

1. 逐渐增加营养，确保安全越冬

由于处于寒冬，体能消耗也较大，鹿场应适当逐渐提高精饲料的补加，同时供给充足的粗饲料。冬季缺乏青绿粗饲料，可用树叶、秸秆、青贮等饲喂，同时应保证饮水。对青壮年公鹿即使营养不好也能安全越冬，但对老弱鹿则应保证有相应的精饲料供给，否则易引起衰竭死亡。在生茸前期还应适当增加精饲料喂量，为鹿的脱盘生茸做好准备。

2. 调整鹿群，适当淘汰

对老弱及产茸太低的鹿适当淘汰，对产茸好但老弱的鹿应单独组群，加强营养饲喂，保证安全过冬，增加其利用年限。

3. 防潮保温，保持卫生

冬季雨雪多，潮湿寒冷，应及时清扫圈舍，保持清洁干燥，北方圈舍多冰雪，应及时清扫，以防鹿滑倒摔伤，造成不必要的伤亡。南方冬季病原菌滋生的季节，更应保持清洁，定期消毒，预防疾病发生。有条件应在圈舍铺上干燥垫草，保持温暖舒适环境。晴天驱群，让鹿适当运动。

Ⅱ 茸用母鹿的饲养管理

一、母鹿配种期饲养管理

（一）配种期母鹿的特点

每年的 8 月中下旬，仔鹿断乳后，母鹿便停止泌乳进入配种前的体质恢复阶段，这时母鹿由于哺乳体质变得较弱，母鹿发情的早晚与营养水平密切相关，为促使母鹿尽快发情，应针对母鹿的体况，加强饲养管理。9 ～ 11 月是母鹿的发情时期。进入配种期，性器官与卵子、性腺都在迅速发育，性活动增强，需要蛋白质、矿物质及维生素等营养物质。但由于受性活动的影响，食欲不振，采食下降，体质减弱，所以在配种期也应加强饲养管理，才能顺利完成配种任务。

（二）配种期母鹿的饲养

保证每天纯采食时间 7 ～ 8 小时，归牧后补饲含蛋白质、维生素和矿物质的精饲料，并供给充足的饮水。圈养母鹿应该及时断乳，并喂给大量鲜嫩多汁的饲料，每昼夜给 3 次混合精饲料，供足饮水。

生产中要求这个时期的母鹿，能够适时发情，正常排卵接受交配，受胎率较高。一般地，在此时供应豆饼、全株玉米、青贮饲料、胡萝卜等，可以促进母鹿及时而集中发情，对配种工作的进行非常有利。

日粮应以容积较大的粗饲料和多汁饲料为主，精饲料为辅。精饲料中应有豆饼、玉米、高粱、大豆、麦麸等，其中豆科籽实类饲料为 30%，禾本科籽实 50%，糠麸类 20%。精饲料日喂量：母梅花鹿 1.1 ～ 1.2 千克，母马鹿 1.7 ～ 1.8 千克。食盐 35 克，石粉 30 克。适当给予一定量的含有丰富维生素的根茎、胡萝卜和瓜类多汁饲料，公梅花鹿约 1 千克，马母鹿约 3 千克。圈养母鹿每天喂饲 3 次精饲料和粗饲料，夜间补饲鲜嫩枝叶和青干草、青割粗饲料，到 10 月植物枯黄时开始饲喂青贮料，日给量母梅花鹿为 0.5 ～ 1.0 千克，母马鹿 2.0 ～ 3.0 千克。放牧的母鹿从 10 月 1 日始，夜间补饲精饲料和粗饲料，并供足饮水。

（三）配种期母鹿的管理

1. 及时断乳，加强营养

为了使母鹿适时发情，应及时将仔鹿断乳分群，使母鹿在配种前有短期的恢复时期，以弥补泌乳期母体消耗，及时发情排卵。生产中对刚断乳的母鹿一般采取短期优饲的饲养方法，以恢复体能，弥补前期消耗，保证配种期正常的激素分泌水平，促进母鹿正常发情、排卵、受孕和妊娠。如果能量、蛋白质以及矿物质或维生素缺乏，均会导致母鹿发情不明显或只排卵不发情等，缩短有效生殖时间。母鹿在准备配种期不能喂得过肥，保持中等体况，准备参加配种。

2. 配种期母鹿应勤于观察

在配种期防止个别公鹿顶撞母鹿，及时注意母鹿发情情况，以便及时配种，同时防止乱配和漏配。对育种鹿群还应该观察、记录参配公母鹿，做好育种记录，为产仔日期推算及日后育种打下良好的基础。

3. 调整鹿群，分类饲养

配种期将母鹿分成育种核心群、繁殖母鹿群、初配母鹿群和后备母鹿群，根据它们各自的生理特点，分别进行饲养管理。对于年龄过大，繁殖能力极低或不具备繁殖条件的病弱母鹿，经检查后单独组群，并根据产仔情况决定是否留舍。配种后公母鹿分群管理，发现有重复发情的母鹿要及时复配。

二、妊娠期母鹿饲养管理

（一）妊娠期母鹿的特点

母鹿每年有 235 天左右妊娠期，生理负担相当重。此期母鹿除自身营养需要外，还要有保证胎儿生长发育的营养物质。妊娠期间，胎儿与母鹿体重同时增重。母梅花鹿增重 10 ～ 15 千克，母马鹿增重 20 ～ 25 千克。5 月龄胎儿体重不足 1 千克，相当于初生重 15%，绝对增重有限，但增长率大，后 3 个月胎儿绝对增重较大，而增长率较前低。

（二）妊娠期母鹿的饲养

妊娠期对母鹿的饲养，应始终保持较高的日粮水平，特别是蛋白质和矿物质的供应。在日粮体积上，宜在妊娠初期喂饲较多青绿多汁料和品质优良的干粗饲料等体积稍大的饲料；而在妊娠中后期，应选择体积小、质量好、适口性强的饲料，特别是后期在喂给多汁料和粗饲料时一定要防止因饲料体积过大压迫仔鹿而导致流产。同时，在预产期前 20 天左右应适当限制饲养，防止母鹿因肥胖造成难产。妊娠母梅花鹿的日粮为：混合精饲料 1.0 ～ 1.5 千克；多汁饲料 1.0 千克；青饲料 1.2 ～ 2.0 千克，石粉或骨粉 20 克；食盐 20 克。妊娠母马鹿的日粮为：混合精饲料 1.5 ～ 3.8 千克；多汁饲料 2.0 千克；青饲料

3.0～4.5千克，石粉或骨粉40克；食盐30克。

妊娠母鹿饲喂精饲料和多汁料的次数以每天2～3次为宜，饲喂的时间间隔应相对均匀和固定；喂粗饲料每天3次，宜白天2次，夜间1次。在投饲多汁饲料时，应洗净切碎。青贮饲料和发酵饲料切忌酸性过高，严防异物刺激，引起流产。发霉变质的饲料更不能饲喂。保证供给母鹿清洁的饮水，越冬时节最好使用温水严防饲料的霉败、结冰、酸度过大或酒糟量过多。保证充足的饮水，天冷宜饮温水。

（三）妊娠期母鹿的管理

1. 分期加强营养

妊娠前期，胎儿的绝对增重小，但器官分化发育快，这一时期的母鹿的营养需要注重质量，生产中应选用多种饲料原料进行饲料配置，平衡调配，使能量、蛋白质、矿物质和维生素营养均能满足母鹿和胎儿的要求。妊娠后期胎儿增重加大，这一时期应保证优质的精饲料，加大喂量，同时应考虑日粮容积，防止日粮容积过大，鹿采食过多挤压胎儿。妊娠后期应保持适宜体况，以防过肥造成难产，产前半个月宜适当限食。妊娠期提供丰富的粗饲料，最好是多汁饲料或青贮饲料，有利于鹿的消化吸收。

2. 创造舒适的环境

必须经常保持鹿群安静，避免各种惊动和骚扰，注意每个圈内鹿只数不宜过多，以防惊恐或拥挤造成流产。进入鹿圈舍时，应给予信号。保持圈舍清洁干燥。妊娠后期应加铺垫草，垫草应当柔软、干燥、温暖，并要定期更换。及时清扫圈舍粪尿和雪冰，防止滑倒造成流产。

3. 适当运动，做好产前工作

每天定时哄赶鹿群运动1小时左右。妊娠后期做好产仔的准备工作，如检修圈舍，铺垫地面，设置仔鹿保护栏和小床等。

三、哺乳期母鹿饲养管理

（一）哺乳期母鹿的特点

哺乳期是母鹿代谢强度最大的时期，大多数仔鹿哺乳期90天，早产哺乳期100～110天。哺乳期母鹿营养需要除维持自身需要外，一般花母梅花鹿每昼夜泌乳量700毫升，泌乳量高的可达1 000毫升，母马鹿泌乳量更多。鹿乳汁浓度越大，营养价值越高。鹿乳的主要化学成分为干物质32.2%、乳糖2.8%、蛋白质 10.9%、脂肪 17.1%、灰分 1.5%、水分 67.7%。

仔鹿生后 1 个月增重将近 6.6 千克，平均日增重 0.2 千克；3 个月内增重 21.5 千克，平均日增重 0.5 千克，这些增重的营养物质大多来自鹿乳。需要注意哺乳期鹿的生理要求和加强哺乳母鹿饲养管理，见图 36。

图 36　母仔鹿（左为梅花鹿，右为马鹿）

（二）哺乳期母鹿的饲养

母鹿产后一般食欲较差，除保证护理卫生工作、充分供应饮水和优质青饲料外，可按产前日粮喂给。第二天开始，根据其食欲大小适当增加精饲料 0.2 ～ 0.4 千克。产后 3 天，母鹿基本恢复食欲，再增料 0.1 ～ 0.2 千克。这种做法的主要目的是促进母鹿采食，满足泌乳需要和仔鹿生长发育的需要，减少母体消耗。当增料后不见泌乳增加，应逐渐减料至标准日粮。此阶段的重点是及早加强营养。哺乳母梅花鹿的日粮为：混合精饲料 1.25 ～ 3.0 千克，多汁饲料 1.5 千克，青粗饲料 2.5 ～ 6.0 千克，石粉或骨粉 30 克，食盐 25 克。哺乳母马鹿的日粮为：混合饲料 1.75 ～ 2.0 千克，多汁饲料 2.5 千克，青粗饲料 8.0 ～ 15.0 千克，石粉或骨粉 50 克，食盐 35 克。

另外，母鹿产后瘤胃容积逐渐变大，消化机能逐渐加强，采食量增加 20%～30%，故要选择优质青绿饲料为主要日粮组成，精饲料的限量为 0.8 ～ 1 千克。实践证明，在母鹿泌乳初期饲喂麸皮粥或小米粥、精饲料粥，十分有利于泌乳。

在 5 ～ 6 月青绿饲料缺乏时可以使用青贮料，母梅花鹿日给量 1.5 ～ 1.8 千克，母马鹿 4.5 ～ 5.4 千克，在饲喂次数上，舍饲的泌乳母鹿每天饲喂 2 ～ 3 次精饲料，3 次粗饲料，夜间再补饲 1 次。放牧的母鹿可在中午和下午归牧后补饲精饲料，在夜间补饲粗饲料。同时，阴雨天气应防止饲料发霉变质，青饲料应边割边喂。

（三）哺乳期母鹿的管理

1. 配合合理日粮，加强营养

此期日粮配合应是适口性强、易消化、优质、全价、新鲜。此期应大量饲喂青绿多汁料，有助于提高乳量和乳质。母鹿在临产前不大喜欢采食，但产后要及时喂料。按泌乳量增加而适当增加饲料量，保证泌乳的营养需要。蛋白质饲料应占精饲料的30%～50%。产后1～3天最好多喂一些催乳饲料，如小米粥、豆浆等。

2. 勤观察鹿群，加强护理

产仔期应勤观察鹿，及时发现难产母鹿进行人工助产，对于弃仔的恶癖母鹿要严格看管，必要时将其关进小圈单独饲养，预防母鹿乳腺炎和仔鹿脐炎等疾病。对吃不到初乳的仔鹿应人工帮助吃到初乳，同时防止哺乳混乱现象，以防个别仔鹿吃不到或吃不饱。对弱仔及时引导哺乳或人工哺乳，以提高产仔成活率。

3. 保持环境安静卫生

保持环境安静，以免造成母鹿难产及出现母鹿弃仔的发生，同时为避免引起惊群、混乱中踩死仔鹿，应加强母鹿及仔鹿的调教驯化，增强鹿的适应性。定期消毒，预防传染病的发生。

Ⅲ 茸用仔鹿的饲养管理

一、仔鹿的特点

仔鹿（图37）出生后，全身体表及口腔都附有大量黏液，一般情况下，仔鹿出生后，母鹿首先舔这些黏液，仔鹿在生后10～15分就能站起来寻找乳头，吃初乳。第一次吃奶早晚是胚胎期发育好坏和生命力强弱的标志，同时也与分娩母鹿的温驯程度和母性强弱有关。仔鹿出生的最初几天，组织器官尚未发育，对外界不良环境抵抗力较差，很容易被细菌和病毒侵袭而发病，以致造成死亡。

仔鹿出生前7天几乎只吃奶，7天后开始喝水。脐带在生后1周左右干枯而脱落。

图37 仔鹿（左为梅花鹿仔鹿，右为马鹿仔鹿）

仔鹿过了初生期这一关后，就进入正常的哺乳饲养阶段，仔鹿的生长发育非常迅速，仔鹿生后3个月的哺乳期内，梅花鹿仔鹿平均日增重：公鹿为220～300克，母鹿为170～270克；仔马鹿为350～500克。仔鹿在生后15～20天，开始随母鹿采食一些精粗饲料，同时出现反刍现象。单靠母乳不能完全满足仔鹿生长发育的需要，尤其到哺乳中后期，如营养缺乏，则会引起生长受阻，出现肢长身细、骨骼肌肉发育不良的现象，为此对哺乳期仔鹿宜尽早进行补饲。

二、仔鹿的饲养

（一）初生仔鹿

初生仔鹿重要的是获得初乳，获得初乳的方式有以下3种：

1. 自然哺乳

仔鹿出生后，母鹿舔干仔鹿，如果母性不强，必要时应采取人工辅助措施。如用抹布擦干湿毛，或找已产仔的温驯母鹿代为舔干，使仔鹿及早吃到初乳。健康良好的仔鹿产出后0.5～1小时即能站起觅母乳，1.5～2小时吃到初乳最为理想，最晚不可超过10小时。初乳的特点是水分少，干物质多，乳脂含量高，仔鹿少量吸吮即能满足。一般母鹿每隔3～4小时喂乳1次，每次2～3分。

2. 代养

初生仔鹿因各种原因，如母性不强拒绝为仔鹿哺乳，或初产母鹿乳汁不足或不能分泌，仔鹿体弱不能站立或母鹿分娩死亡等，得不到亲生母鹿直接哺育时，代养是提高仔鹿成活率的有效措施之一。代养母鹿宜选择性情温驯、母性强、泌乳量高的产仔母鹿。在集中分娩期，大部分温驯的待产母鹿都可被用来作为保姆鹿，一般选择分娩后 1 ～ 2 天的母鹿代养效果最好。

将需要代养的仔鹿送入代养母鹿小圈中，如果母鹿不扒不咬而且嗅舔，即可认为已被接受。同时观察仔鹿是否吃到乳汁，一般吃过 2 ～ 3 次就表明基本代养成功。代养初期对自行哺乳有困难的衰弱仔鹿须人工辅助，并适当控制保姆鹿亲仔的哺乳次数与时间，以保证被代养仔鹿的哺乳量。除对代养仔鹿细心护理外，还必须加强保姆鹿的饲养，喂给含蛋白质丰富的精饲料和优质粗饲料，以增加泌乳量。要确实掌握母乳是否能满足两只仔鹿的需要，如发现仔鹿吮乳次数频繁，同时哺乳时边吸吮边撞乳房边鸣叫，吮乳后仔鹿腹围变化不大，则说明母鹿乳量不足，需另找母鹿代养。代养仔鹿要适当延长单圈饲养时间，一般为 7 ～ 10 天，如两只仔鹿一起拨入哺乳，母仔且大群鹿都强壮，可随同母鹿一起拨入哺乳母仔大群。

3. 人工哺乳

初生仔鹿如得不到母鹿的哺育，而且代养又未成功时，可用牛奶、鹿奶进行人工哺乳。人工哺育仔鹿与代养相比，付出的劳动及经济代价都较大，成活率亦较低，因此多采用二者相结合的方法，即经几次人工哺乳能站立起来自行吸吮母鹿乳汁时，尽量送给原分娩母鹿或代养。如经 1 ～ 2 天的人工哺乳已经习惯喂奶，不再寻找母鹿的乳头，且能与人接近，可继续进行人工哺乳，往往会培育驯化出理想的骨干鹿。

人工哺乳的关键在于保证初乳的供应，使初生仔鹿得到足够的初乳。初乳来源可采用冷藏方法保存健康母鹿的初乳代替鹿的初乳，也可人工配制。

人工哺乳的配方及配制方法：鲜牛奶 1 000 毫升、鲜鸡蛋 3 ～ 4 个、鱼肝油 15 ～ 20 毫升、沸水 400 毫升、精盐 4 克、多维葡萄糖适量。先把鸡蛋用凉开水冲开，加入食盐和多维葡萄糖搅匀，再将牛奶用四层纱布过滤后煮沸，放凉至 50 ～ 60℃，将冲开的鸡蛋液和鱼肝油一并倒入，搅拌均匀，冷至 36 ～ 38℃即可饲喂仔鹿。

人工哺乳牛奶量见表 36。

表 36　仔鹿人工哺乳牛奶的量（毫升）

仔鹿初生重	1～5日龄	6～10日龄	11～20日龄	21～30日龄	31～40日龄	41～60日龄	61～75日龄
	6次	6次	5次	5次	4次	3次	2次
5.5千克以下	480～960	960～1 000	1 200	1 200	900	600～720	450～600
5.5千克以上	420～900	840～960	1 080	1 080	870	450～600	300～520

（二）哺乳仔鹿

仔鹿生后15～20天，开始采食饲料并出现反刍。这时在保护栏中设置小槽，投给少量营养丰富的混合精饲料。其配方为：60%的豆饼或豆浆，30%的高粱面，10%的细小麦麸，少量食盐和骨粉。一天3次，自由采食。到30日龄每只梅花鹿每天补给精饲料180克左右，到3个月离乳时加至300～400克。马鹿比梅花鹿多1～1.5倍。

母鹿分娩后1～2个月，常出现泌乳量急剧下降的情况，因此对正在哺育仔鹿的母鹿一定要加强饲养，适当增加营养价值高的多汁饲料，因为仔鹿的培育在很大程度上取决于所获得乳汁的质量。如果分娩后母鹿死亡或有病不能哺乳及乳汁不足时，必须采取人工哺乳或代养措施。

补饲的饲料要渐进式增加，仔鹿食量小，消化快，采食次数多，离乳仔鹿的精饲料要细致加工调制，可将大豆、玉米煮熟，一部分玉米粉成玉米面，大豆磨成豆浆，按比例混拌。离乳2个月内每日可喂4～5次，夜间补饲1次青粗饲料，以后逐步达到日喂3次。在精饲料保证的同时特别要投喂一些青绿多汁饲料。饮水要清洁、充足。此外还要注意矿物质的供给，补喂多种维生素、含硒微量元素等添加剂，在日粮中加入食盐、鹿用骨粉，可防止佝偻病、软骨病的发生。

三、仔鹿的管理

（一）产后精心护理

母鹿分娩期间，应有专人值班守护，见图38。仔鹿产下后，应将仔鹿身上的黏液擦干，让其尽快吃上初乳，然后剪耳编号，定时放回母鹿群喂乳。在仔鹿哺乳期间，应避免有异味之物触及仔鹿，如乙醇、香皂等，否则母鹿会嫌其有异味而拒哺。

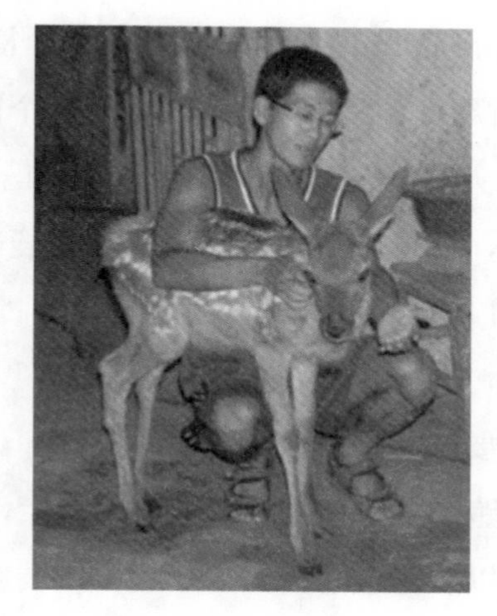

图 38　仔鹿护理

（二）及时人工哺乳

如果分娩后母鹿死亡或有病不能哺乳或乳汁不足时，必须采取人工哺乳措施。通常用新鲜的牛奶或山鹿奶代替，若不得不用奶粉时，须将冲泡的奶粉浓度略微提高，以适应仔鹿生长发育的需要。人工哺乳的时间、次数和哺乳量根据仔鹿的日龄、初生重和发育情况来确定。在无经验标准的情况下，仔鹿人工哺乳的数量可参照犊牛的人工哺乳量。坚持乳汁、乳具的消毒，防止乳中细菌繁殖和乳汁发生酸败。投喂量由少到多，每日每只喂 200 ～ 300 克，到断乳分群前达到每日每只 500 克。青饲料要切碎喂。实际上，仔鹿到了 20 ～ 30 日龄就开始寻找植物性饲料并能采食一些嫩绿草叶，但此时仔鹿的营养来源仍是以母乳为主。当仔鹿体重达到 25 千克左右时，便可以离乳，转为人工喂养。

（三）设置仔鹿保护栏

在哺乳仔鹿舍内设置仔鹿保护栏是保障仔鹿安全、减少疾病、提高成活率的有效措施。仔鹿栏各立柱间距为 15 ～ 16 厘米（图 39）。

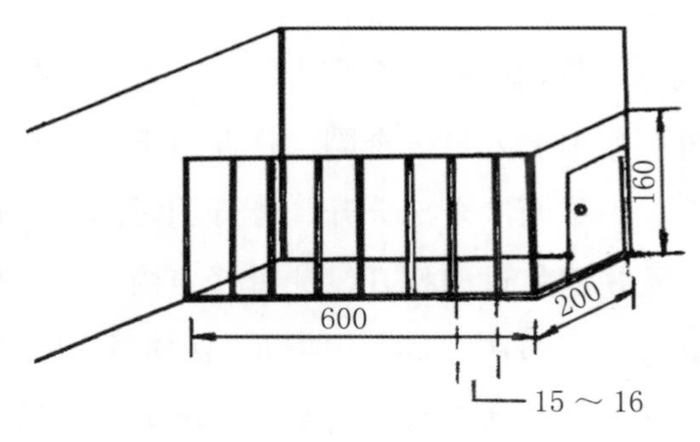

图 39　仔鹿护栏（单位：厘米）

鹿分栏不要过急，母仔鹿分栏时，将相邻的两个圈中间设一过门。先将母、仔鹿全部赶入其中一个圈，然后再将母鹿放入另一个圈。起初可将母鹿留在仔鹿圈内 1 ～ 2 天，4 ～ 5 天后，分开的时间最初每次 1 ～ 3 小时，以后逐渐延长，中午及晚间将过门打开，让母仔自由活动，方便仔鹿吃奶。要增加人鹿接触机会，投料和给水时配以口哨，使仔鹿性情稳定。

（四）勤于观察

仔鹿出生后饲养员要不断调教驯化，使人鹿亲和。让仔鹿熟悉鹿圈和跑道，经常性让母鹿带小鹿到跑道中，对人的叫喊声不惊慌，为以后鹿的分群打基础。切不可与之顶撞嬉戏，以防养成恶癖。

（五）卫生和疾病防治

人工哺乳的卫生要求比较严格，必须坚持做好乳汁、乳具的消毒。为了预防人工哺乳仔鹿患肠胃炎，应定期在乳汁中加入抗生素。仔鹿初生后 15 天内，观察的重点是白肌病、脐带炎、肺炎、坏死菌病，发现后要及时诊治。

IV 茸用幼鹿的饲养管理

一、幼鹿的特点

离乳初期的幼鹿，其生活环境和饲料条件均发生了很大变化。由于留恋母鹿开始鸣叫不安，精神、食欲均受到影响，因此饲养员要进行耐心的护理，经常进入鹿舍呼唤接近鹿群，做到人鹿亲和，开展驯化活动。

二、幼鹿的饲养

仔鹿分开单独饲养。将相邻的两个圈中间设一过门，先将母仔全部赶入其中一个圈，然后将母鹿拨出放入另一个圈，仔鹿留下。起初可将母鹿圈在仔鹿圈 1 ～ 2 只，每天上、下午两次全部分开，分开的时间最初每次 1 ～ 3 小时，以后逐渐延长，中午及晚间将过门打开，让母仔自由活动，仔鹿吃奶。当前养鹿场皆采取一次离乳方法，即在 8 月下旬母鹿配种期到来之前，一次将当年所产的仔鹿全部拨出，按产仔期从 5 月 5 日到 6 月末为止计算，则仔鹿的哺乳期最长可达110天，最短仅为55天。离乳后按仔鹿的性别、出生先后、体质强弱分成若干个离乳仔鹿群，每群最多不超过50头，放在距母鹿群较远的鹿舍中饲养，也可以将母鹿拉出到其他鹿合去配种。

在离乳时，可采取逐渐增加精饲料量和减少母鹿的饲喂次数，一次分群、离乳的方法。离乳后要逐步增加饲料的给量，不可一次突然增加过量。把仔鹿赶走，母鹿留在原圈内，保证鹿群稳定，减少应激，离乳后幼鹿处于育成阶段，如果饲养条件优良，其生长发育是非常迅速的，故宜抓紧这段时间给予丰富的营养，以促进生长发育。离乳幼鹿的日粮，应由容易消化又含有生长发育需要的各种营养物质的饲料所组成。

其精饲料配比豆类占48%、禾本科籽实占47%、糠麸类占5%。其采食量随着日龄的增长而增加，8～9月每只梅花鹿仔鹿大约能食入0.4千克饲料，马鹿仔鹿大约0.6千克；到12月梅花鹿仔鹿采食量能达到1千克左右，母鹿仔鹿可达到1.2千克。同时应该根据离乳前仔鹿每天哺乳与采食次数，适当增加饲喂次数，随着日龄不断增大，逐渐减至成鹿的日喂次数，一般离乳初期喂4～5次精粗饲料，夜间补饲1次粗饲料，到10月减到与大鹿相同。在此期间的饲料要特别注意营养水平和日粮的全价性。

三、幼鹿的管理

（一）营养全面，保证质量

幼鹿正处于旺盛的生长发育阶段，不仅要维持生命活动，同时要提供生长发育的营养需要。因此要保证供给营养全价饲料和清洁充足饮水，保证喂给一定数量的营养全面的精饲料和足够的优质的粗饲料。特别是要保证蛋白质、矿物质和维生素的供给，必要时可喂矿物质、维生素添加剂，以防止佝偻病、白肌病等仔鹿常见的营养缺乏症。

（二）分群管理

在8月20日左右将母鹿和仔鹿一次性分开单独饲养。断乳后要按照仔鹿的性别、体质强弱、个体大小等情况分为若干个小群，分群饲养。分开后要增加人鹿接触，投料和给水者配以口哨、吆喝声，使仔鹿形成固定的条件反射，保证仔鹿性情稳定。

（三）勤于观察，加强调教驯化

仔鹿出生后饲养员要不断调教驯化，使人鹿亲和。让仔鹿熟悉鹿圈和跑道，经常性让母鹿带小鹿到跑道中，对人的叫喊声不惊慌，给以后鹿的分群打基础。切不可与之顶撞嬉戏，以防养成恶癖。

（四）保持清洁，安全过冬

仔鹿圈应经常清扫，保持清洁，同时定期消毒，防止仔鹿疾病。冬季更要保持圈舍内干净，无粪尿、积雪，必要时加铺垫草，保暖防寒，使仔鹿有一个舒适、安静的环境。

V 茸用后备鹿的饲养管理

一、后备鹿的特点

后备鹿与幼鹿相同，仍处于生长发育的旺盛阶段，其生长发育快、可塑性大，一般经过 1 年的育成期，花公鹿的平均体重可达 50 ～ 55 千克，相当于成年公鹿的 50%左右，育成母鹿生长发育比公鹿快，能达到成年母鹿的 70%左右。相对幼鹿，后备鹿瘤胃的发育最为显著。

二、后备鹿的饲养

饲养管理好的后备公鹿第二年就可以长出分叉茸，后备母鹿 16 个月就可以配种怀孕，实现生产。做好后备鹿的工作对以后鹿茸高产及多产仔有着重要的意义。后备鹿具有独立生活的能力，比仔鹿和幼鹿更有适应能力、抗病力，在生产中往往被生产者忽视，因此对后备鹿除了常规饲养管理外还要特别注意保证营养。

满足后备鹿的营养需要，是后备鹿培育中的首要问题。在日粮配合上精、粗饲料比例应适当，合理搭配。精饲料过多，影响消化器官的发育，结果对粗饲料的适应性差；精饲料过少，不能满足幼鹿生长发育所需要的各种营养物质，将直接影响到鹿的健康和生产性能。在有条件的地方，5 ～ 10 月进行放牧饲养对育成鹿的生长发育更有好处。放牧群的精饲料仍按原量供给，同时还须补给一定量的干粗饲料。

三、后备鹿的管理

（一）保证营养供给

后备鹿生长发育快，应适当添加精饲料，保证营养供给，育成期梅花鹿精饲料的喂量为 0.8 ～ 1.5 千克，马鹿为 1.5 ～ 2.5 千克，视鹿具体生产时期及膘情而定，精饲料过多会影响瘤胃的发育，从而降低了其对粗饲料的适应性；精饲料太少，可能使营养供给不足，致使鹿生长发育迟缓。后备鹿粗饲料以优质树叶为好，可采食适量的青贮，但不宜过多，过多会使瘤胃容积不足，可能影响生长。发育好的母鹿 16 月龄即可初配，对受胎育成母鹿，其一方面要实现自身的生长发育，另一方面要提供胎儿的营养物质，负担较重，在妊娠期间应加强营养，特别是妊娠后期，更应加强营养，满足胎儿生长发育和为泌乳而储备的营养需要。对未受孕母鹿及公鹿要提供足够的优质粗饲料，视膘情、体型及发育特性适当补饲精饲料。

（二）分群分期加强管理

后备鹿应分为公母鹿群进行饲养管理，在不同季节，不同生产目的的条件下应有不同的饲养管理模式。后备母鹿到第二年秋天应根据月龄及发育情况决定是否参与配种，在配种前应加强营养，提高日粮水平，保证正常发情排卵，使配种期达到适宜的繁殖体况。

（三）防止爬跨，积极采取相应措施

育成鹿在配种期也有互相爬跨现象，容易造成不必要的体力消耗，甚至可能出现直肠穿孔而死亡。育成公鹿的爬跨现象在气候骤变、阴雨后变暖时表现更为强烈。因此，在管理上必须制止个别早熟鹿乱爬乱配，影响正常发育。对育成鹿的管理人员要固定，必须注意看管，防止顶撞等。

在生产中注意：配种期降低精饲料的饲喂量；气候骤变、阴雨后变暖时投喂一些新鲜树叶或青草或者精饲料，以分散其注意力；除了日常管理经常出现的声音，尽量避免其他偶然的声音，给鹿提供安静舒适的环境。

（四）增加运动量，增强体质

增强后备鹿的运动量，增强其自身的体质和抗逆性。有放牧条件的可以结合放牧加强对后备鹿的运动，无放牧条件的每天在圈内保证 2 ～ 3 小时的哄赶运动，夜间最好也哄赶一次。

延伸阅读

茸用鹿饲养管理中存在的问题与解决办法

我国养鹿场对鹿实施的饲养方式因地区、饲料条件、饲养目的、饲养鹿的种类、自身条件等的不同也有所不同。

一、存在的问题

与传统养殖业相比，我国当前的养鹿业仍处于低级阶段，在许多方面还很不成熟，存在的问题主要有以下几个方面：

第一，饲养数量少，规模小，大部分没有形成规模化、产业化、专业化生产。

第二，生产繁育体系不健全，良种缺乏。品种改良和选育工作薄弱，良种繁育体系不健全，种和商品不分，致使良种匮乏。种鹿存栏量少，远不能满足市场的需求。

第三，鹿群结构比例不协调。存栏母鹿多，生产用种公鹿少，导致种鹿价格居高不下。

第四，鹿场饲养重数量的增长，不注重鹿群质量的提高，鹿群饲养管理落后，不能发挥良种潜在的生产性能。

第五，国家没有出台鹿种动物福利政策。动物福利是促进鹿牧业发展不可缺少的重要措施。而我国没有相关政策，并且广大养殖户盲目追求利益，忽视了鹿的福利。

二、解决办法

（一）推广良种茸鹿，优化茸鹿种群结构和年龄结构，发挥鹿群生产潜力

近 20 年来，中国鹿科技工作者已经培育出多个茸鹿的品种或品系，如双阳品种梅花鹿、西丰品种梅花鹿、长白山品系梅花鹿、四平品种梅花鹿、敖东品种梅花鹿、兴凯湖品种梅花鹿、塔里木品种马鹿等。目前已经在它们的主产区建立良种繁育基地，适应北鹿南养、东鹿西调的发展需要，应用现代繁育技术（如同期发情技术、超数排卵技术、人工授精技术、胚胎移植技术等），快速扩繁和推广饲养上述良种茸鹿，将从根本上提高我国鹿群质以及鹿产品质量和产量，增强在国际市场的竞争力。

我国以生产鹿茸为主要目的，目前已驯养梅花鹿、马鹿、水鹿、白唇鹿、坡鹿、驯鹿等约 50 万只，其中梅花鹿 30 万只，马鹿 10 万只，其他茸鹿 10 万只。年产鹿茸约 120 吨，梅花鹿茸占 50%，马鹿茸占 40%，其他鹿茸占 10%，鹿茸优质率仅占40%左右。其中人工培育的居国际水平的梅花鹿和马鹿品种或品系饲养量只有约8万只，而鹿茸优质率可达70%以上。因此大力推广饲养人工培育的梅花鹿和马鹿良种，必将大幅度提高我国鹿茸的产量和质量。李春义等研究并确定了以生产鹿茸为目的的鹿场其梅花鹿或马鹿最佳种群结构：梅花鹿公鹿76%，梅花鹿母鹿24%；马鹿公鹿63.4%，马鹿母鹿36.6%。梅花鹿最佳年龄结构为：幼龄公鹿14.2%，1～3锯公鹿19.2%，4～8锯公鹿26.35%，9锯以上公鹿16.3%；幼龄母鹿5.4%，成年母鹿18.6%。马鹿最佳年龄结构为：幼龄母鹿7.1%，成年母鹿26.6%；幼龄公鹿11.4%，1～3锯公鹿15.3%，4～9锯公鹿25.2%，10锯以上公鹿11.9%，使鹿群保持最佳的种群结构和年龄结构，能够发挥鹿群最大的生产潜力，获得最大经济效益。

（二）利用人工哺乳技术，提高仔鹿成活率

在养鹿生产实践中，一般仔鹿出生后大都能自行哺其母乳。但经常出现新生仔鹿因为哺不上母乳最终夭亡的现象，每年因此而死亡的仔鹿占死亡仔鹿总数的25%左右，导致在自然哺乳情况下，梅花鹿的繁殖成活率为80%左右，马鹿繁殖成活率为60%左右，严重影响养鹿效益的提高。吉林农业大学养鹿场在仔鹿出生后，采用全哺乳期人工哺乳牛初乳和常乳的方法，使仔鹿成活率达90%以上，并可以做到仔鹿早期补饲，生长发育良好，驯化程度高，利于其后天管理，断乳后的仔鹿成活率达到98%～100%。

（三）应用计算机管理程序，完善网络建设，跟踪国内外信息，建设高效的配套服务体系

我国的养鹿场应尽快应用计算机管理程序，健全完善各种新技术设计、统计分析、筛选佳值，以指导养鹿生产获取最佳效益，并进一步建立健全县、市、区种鹿场或繁育中心及鹿业协会网站，在此基础上尽快建立省级和国家级网站，以便迅速准确地通报联系鹿及鹿销售、技术培训、疫病防治、饲料供应、繁育技术、产品加工技术及等级规格标准等信息交流，实现对养鹿业全面细致的高效优质服务，使我国养鹿业在健康有序的轨道上可持续发展。

（四）建立科学的免疫程序，推广应用生物药品有效防治鹿类疾病

根据调查分析，我国人工驯养的梅花鹿和马鹿由于疾病死亡的鹿占总死亡率的36%～51%，各种应激性疾病和传染病的危害尤其严重。应用各种生物疫苗（菌苗）能够对鹿群的传染病进行有效的预防、诊断和治疗，使养鹿业免遭重大经济损失。例如，应用提纯结核菌素和布氏杆菌凝集反应抗原能够分别准确有效地诊断鹿群的结核菌病和布氏杆菌病的发病情况；应用破伤风类毒素能够紧急预防和治疗破伤风；应用 TM 微生态制剂可有效预防和治疗仔鹿传染性腹泻。按照特定免疫程序正确使用坏死杆菌病疫苗、伪狂犬病弱毒冻干苗、狂犬病 ERA 弱毒疫苗、钩端螺旋体疫苗、魏氏梭菌基因工程苗、精制破伤风类毒素、布氏杆菌鹿型 5 号菌苗、卡介苗等能够有效预防特异性传染病，为保护环境、维护公众和动物健康、促进养鹿业可持续发展提供科学安全的保障。

专题五
肉用鹿的饲养管理技术

专题提示

鹿肉为高档美味佳肴，它的保健和营养价值正在逐渐被人们所认识，优质鹿肉的需求量日益增加。在国际市场上鹿肉的销售价格一直居高不下。我们应该总结经验教训，借鉴国外优秀发展模式，扬长避短，勇于创新，走联合、创新、开发、多样、规范的发展道路。根据我国的生态特点，分析目前我国养鹿业的发展现状，制定出适合我国国情的发展模式。

I 肉用鹿的饲养管理

一、肉用鹿种

梅花鹿初生重 5.78 千克，6 月龄达到 50.27 千克，12 月龄达到 53.51 千克，为初生重的 9.26 倍。塔里木马鹿公鹿初生重 10.2 千克，12 月龄 132.3 千克，为初生重的 12.97 倍；24 月龄 177.2 千克，为初生重的 17.37 倍；36 月龄 227.7 千克，为初生重的 22.32 倍。清原马鹿初生重为 14.54 千克，哺乳期的 2～3 月龄时体重达 58.3 千克，日增重 0.55 千克；离乳期的 5.5 月龄时体重达 112.8 千克，日增重 0.56 千克；育成时的 10.5 月龄体重为 139 千克，日增重 0.18 千克。甘肃马鹿纯种初生重(12.55±1.64)千克，8 月龄增加到(61.40±5.04)千克，为初生重的 4.89 倍。甘肃马鹿与天山马鹿杂种初生重(13.65±2.01)千克，8 月龄增加到(71.10±6.12)千克，为初生重的 5.14 倍。模型估算出杂种马鹿和纯种马鹿的最大体重分别为 67.27 千克和 59.18 千克，最大月增重分别为15.07千克和12.82千克，说明杂种马鹿比纯种马鹿具有较强的生长优势。

经济杂交鹿的日增重比较见表37。

表37　经济杂交鹿的日增重比较

杂交组合	性别	样本量	初生重（千克）	180日龄体重（千克）	增重（千克）	日增重（克·天）
东北梅花鹿	♂	12	6.00	50.20	44.20	245.6
	♀	11	5.60	39.51	33.91	188.3
天山马鹿	♂	10	17.12	116.22	99.10	550.6
	♀	12	16.48	109.00	92.52	514.0
花·马F1	♂	13	7.40	61.04	53.64	298.0
	♀	12	6.40	48.11	41.71	231.7
马·花F1	♂	12	15.50	87.10	71.60	397.8
	♀	12	12.87	81.31	68.44	380.2
花·马·花F2	♂	15	6.30	55.78	49.48	274.9
	♀	15	6.10	81.31	40.21	223.0

以上是茸用鹿选育数据，但可以间接说明鹿生长发育速度很快，肉用化性能和选育基础很好。

二、改变群体结构

现今养鹿是以取茸为目的，鹿的群体结构基本上是公鹿多，母鹿少，母鹿占群体的20%～30%。所以，现有鹿扩群速度很慢。在鹿茸生产规模不扩大的基础上，基础母鹿扩群至50%～60%，每年将会多繁殖30%仔鹿用于育肥。这是目前改变养鹿现状有效的方法之一。

三、饲养方式

（一）圈养

圈养也叫圈养舍饲，就是指将鹿养在人工建筑的有一定面积的圈舍里，不仅人工直接喂给专门采集来的饲料，而且鹿的一切活动受人直接监督和限制，只能在人的直接干预下生长和繁殖。圈养方式具有集约化经营管理的特点，这样便于科学管理，易于观察每个鹿的生长及健康情况，便于对鹿的疾病采取预防和治疗措施，同时为鹿的选育和品质改良及其他一些技术措施的实施等提供便利条件。圈养鹿的饲养成本相对较高，必须为圈养鹿提供充足的饲料，否则会影响鹿的生长发育。此外，养鹿场还要求有一定的人力和物力，并有足够的饲养管理设备。

（二）圈养放牧

圈养放牧是在圈养的基础上发展起来的，是圈养和放牧相结合的一种养鹿方式。放牧鹿群须从幼年开始调教，经过调教的鹿群在放牧场上可自由采食。每天经过一定时间放牧以后，仍将鹿群赶回圈舍内，进行人工补饲。放牧可以充分利用天然饲料，增加鹿的运动量，促进其生长发育，特别是能够节省人力和人工饲料，从而降低养鹿的成本。圈养放牧适合在牧草比较丰盛的草原地区或山区、半山区、丘陵地区。夏秋季节将鹿群赶出去放牧，冬春季节再赶回圈舍内饲养。

（三）半散放饲养

半散放的养鹿方式是利用天然障碍或人工修建的大型围栏或电牧栏把鹿养在有丰富饲料来源的大面积场地内，场内应有简易的鹿舍和一定的饲养管理设备。春、夏、秋三季散放，定期给鹿群补饲一部分饲料；冬季将鹿群赶至简易鹿舍内进行人工饲养。根据草场质量的好坏，应在几个固定的地方定时补饲精饲料和食盐，这样也便于观察鹿群的各方面情况。半散放饲养管理简单，消耗的人力较少，饲养成本较低。但半散放要求备有大量用于建筑的围栏器材，而且半散放鹿群多半是自由交配，自然繁殖，缺乏人工控制，在选种选育上有一定难度，如不采取有效措施，鹿群容易出现退化现象。这种管理方式过于粗放，仔鹿成活率低，成年公鹿的伤亡也很大。应根据自然条件、生产目的和性质以及鹿群的驯化程度等情况来综合考虑鹿群的饲养方式。

四、育肥

至 8 月中下旬，一次将仔鹿全部拨出，断乳分群。但对晚生、体弱的仔鹿，可推迟到 9 月 10 日断乳分群。分群时，应按照仔鹿的性别、年龄、体质强弱等情况，每 30 ～ 40 只组成一个离乳仔鹿群，饲养在远离母鹿的圈舍里。

离乳初期仔鹿消化机能尚未完善，特别是出生晚、哺乳期短的仔鹿不能很快适应新的饲料。因此，日粮应由营养丰富、容易消化的饲料组成，特别要选择哺乳期内仔鹿习惯采食的多种精粗饲料；饲料量应逐渐增加，防止一次采食饲料过量引起消化不良或消化道疾病；饲料加工调制要精细，可将大豆或豆饼制成豆浆、豆沫粥或豆饼粥。根据仔鹿食量小、消化快、采食次数多的特点，初期日喂 4 ～ 5 次精粗饲料，夜间补饲 1 次粗饲料，以后逐渐过渡到成年鹿的饲喂次数和营养水平。4 ～ 5 月龄的幼鹿进入越冬季节，还应供给一部分青贮饲料和其他含维生素丰富的多汁饲料，同时应注意矿物质的供给，必要时可补喂维生素和矿物质添加剂。

育成鹿仍处于生长发育阶段，也是从幼鹿向成年鹿过渡的阶段，此时鹿虽已具备独立采食和适应各种环境条件的能力，饲养管理也无特殊要求，但营养水平不能降低，要根据幼鹿可塑性大、生长速度快的特点，进行定向培育。

育肥鹿的日粮配合，应尽可能多喂些青饲料，但在 1 岁以内的仍需喂给适量的精饲料。精饲料喂量和营养水平，视青粗饲料的质量和采食量而定。精饲料喂量梅花鹿 0.8 ～ 1.4 千克，马鹿 1.8 ～ 2.3 千克。育成鹿的基础粗饲料是树叶、青草，以优质树叶最好；但可用适量的青贮替换干树叶，替换比例视青贮水分含量而定，水分含量在 80%以上，青贮替换干树叶的比例应为 2 ∶ 3；在早期不宜过多使用青贮，否则鹿胃容量不足，有可能影响生长。

育肥鹿应按性别和体况分成小群，每群饲养密度不宜过大。育成公鹿在发情季节也有互相爬跨现象，体力消耗大，有时还会穿肛甚至死亡。育成期应继续加强驯化。

II 肉用鹿饲养中存在的问题与解决办法

一、养鹿肉用化发展的必要性

（一）实现养鹿业健康、快速、持续发展

我国传统养鹿业以获取鹿茸为主要经济目的。由于鹿茸的销售受国际市场的制约，对养鹿业的冲击很大。加之国内鹿茸、鹿肉等鹿产品的综合开发利用

落后，造成鹿产品市场价格波动较大。随着养鹿业在世界范围的蓬勃兴起，原鹿茸生产方面较落后的，而以生产鹿肉为主的新西兰、加拿大、澳大利亚等国，先后开展了鹿茸生产的研究与开发，对我国的鹿茸生产造成威胁。在这种形势下，要想与之抗衡，就必须在重视鹿茸生产的同时，大力发展鹿肉生产，开发鹿肉产品市场。这样，既可以增强鹿产品在国际市场的竞争力，也可以在鹿茸市场出现波动的情况下，有足够的缓冲和应变能力，取得较好的综合效益。

（二）满足国内外市场需求

随着人民生活水平的普遍提高、消费观念以及肉食消费结构的转变，追求具有滋补保健作用的高档肉食正逐渐成为时尚。鹿肉作为高档美味佳肴，具有高蛋白、低脂肪、低胆固醇等特点，肉质细嫩、清香淡雅、风味独特，既是膳食佳品，又具有滋补治疗作用，食疗食养兼备，从古至今都为人们所推崇，其需求量和消费量将迅速增加。这无疑给发展肉鹿生产及开展鹿肉制品的研制和开发提供了难得的机遇，尤其是目前国内外还没有真正培育成功肉用鹿品种。新西兰肉鹿，只是因其鹿数量大而进行捕杀野生鹿，在这种形势下开展肉鹿品种培育、发展肉鹿生产将成为今后养鹿业向前发展的突破口。

鹿肉一直是国际市场供不应求的商品。欧洲、美洲人都喜食鹿肉，特别是德国、美国、澳大利亚、瑞士、英国等，这些国家鹿肉消费量较大，本国生产的鹿肉供不应求，均大量进口。在国际市场上，优质鹿肉的销售价格为10～12美元/千克，国内市场也高达50～100元/千克。从世界范围来看，除中国、日本、韩国等亚洲国家养鹿以鹿茸为主外，西方国家养鹿主要以生产鹿肉及狩猎娱乐为主。

（三）实现资源高效利用及可持续发展

我国有草原及草山、草坡约3.33亿公顷，是农业生产大国，每年农区约生产适于做饲料的农作物秸秆5.7亿吨。可见，丰富的草场、农副产品和农作物秸秆资源以及优质牧草栽培面积的逐步扩大，均可为发展肉鹿产业提供充足的饲草饲料资源。鹿具有采食性广和耐粗饲等特点，可大量利用高粗纤维秸秆，使秸秆等资源得以有效利用。牛、羊等草食性动物能吃的饲料鹿都能吃，牛、羊不能吃的枝叶饲料鹿也喜食。鹿的饲养成本低，饲料利用率和转化率优于其他草食家畜，单位饲料生产的肉要比牛肉、羊肉多。

二、肉用鹿饲养中存在的问题

（一）现时法规制度与养鹿生产冲突，阻碍了养鹿业向肉用化方向发展

1989 年实行的《中华人民共和国野生动物保护法》中规定，梅花鹿、马鹿等属于国家重点保护动物。作为国家重点保护的动物，饲养、繁育、贩运、屠宰、加工及其产品销售、消费受到严令禁止，对鹿业的突破性发展造成了严重的障碍。2001 年卫生部下发的《关于限制野生动植物及其产品为原料生产保健食品的通知》规定，鹿只能用作医药加工，更是限制了鹿的肉用化发展。专家反复论证饲养鹿是否应该称为家畜，但时至今日，所有的限制都没有丝毫的松动，反映出我国的法规管理与经济发展的冲突。

（二）养鹿产业结构不合理

受传统生产观念束缚，长期以来我国养鹿业以生产鹿茸为主要经济目的，重茸用、轻肉用，产品单一，鹿茸是主要产品，鹿肉、鹿血、鹿皮等属副产品，养鹿成本较高。我国鹿存栏数量虽然很大，但饲养管理方式主要为农户小规模散养，饲养分散、管理粗放、饲养周期长。鹿肉生产加工尚未形成专业化和规模化生产体系，这也影响了某些先进实用养鹿技术的应用，制约了优质肉鹿生产及其产业的发展。目前还没有很好地开展鹿肉生产，鹿产肉率低，鹿肉品质不佳，安全性难以保证。鹿肉市场基本上是空白，在市场及饭店出售的鹿肉多为老弱病残的淘汰鹿。

（三）肉鹿良种化程度较差

虽然我国鹿品种资源比较丰富，但尚未培育出专门的优良肉用鹿品种，缺乏对鹿改良后的产肉性能进行系统研究。我国多年来开展了大量的鹿品种选育，但注重的是产茸性能，很少考虑肉用性能，优质肉鹿良种繁育体系尚未建立。

（四）研究开发明显滞后

目前，我国肉鹿及鹿肉研究还没有很好地开展起来。肉用鹿品种繁育、规模化饲养及饲料研发、优质鹿肉生产等技术研究明显滞后，对很有开发前途的鹿肉的研究还刚刚开始，没有对发展肉鹿业起到科技先行的促进作用，反过来又影响了肉鹿产业的发展。

（五）鹿肉国内外市场开拓不力

国外肉用市场，特别是欧洲市场上不乏鹿肉，鹿肉品质、销量、价格都很好。作为养鹿大国，唯独缺少有影响、知名度高的中国名牌鹿肉等鹿产品，失

去了国际市场上应有的份额。国内肉用市场，几乎没有鹿肉销售，仅有的是淘汰鹿的加工肉，因而需要开拓国内外市场。

三、肉用鹿饲养中存在问题的解决办法

（一）理顺现时法规制度与养鹿生产，促进养鹿业向肉用化方向健康发展

首先要明确国家重点保护野生动物的状态应该是野生的（包括自然保护区、动物园）和离体保存的组织（生殖细胞、体细胞、基因等），充分认识到人工驯养（饲养、繁育及产品开发）具有社会需求和经济价值的野生动物是保护动物资源的最好方式之一。其次，加强野生动物资源保护管理与加大人工驯养动物力度，二者并不矛盾。有矛盾的话，那只是管理上混乱引起的。最后，动物资源的保护是受社会经济条件限制的，纯粹的动物资源保护是不现实的。目前，人工驯养的中国东北梅花鹿、天山马鹿、乌苏里貉，远离了濒危威胁就是很好佐证。国家林业局于2003～2005年曾3次公布了梅花鹿、马鹿等54种人工驯养繁殖技术成熟、可商业性驯养繁殖和经营利用的陆生野生动物名单。2011年卫生部批复了吉林省上报的《关于明确部分养殖梅花鹿副产品作为普通食品管理的请示》，开发利用养殖梅花鹿副产品作为食品应当符合我国野生动植物保护相关法律法规。根据《食品安全法》及其实施条例，以及卫生部《关于普通食品中有关原料问题的批复》和《关于进一步规范保健食品原料管理的通知》等有关规定，除鹿茸、鹿角、鹿胎、鹿骨外，养殖梅花鹿其他副产品可作为普通食品。这一规定无疑为鹿养殖业发展提供了契机，加快了肉鹿养殖步伐。这就意味着经过人工驯养繁育的鹿可以人工饲养，能够合法地进入市场，这为大力发展肉鹿产业提供了良好的机遇。要把鹿当成猪和牛那样去看待，把养鹿业定位在畜牧业上，主推茸肉兼用鹿和肉用鹿。把过去靠鹿茸“单腿”独撑鹿业的格局改为茸肉兼用的“双腿”前行，增强养鹿产业的市场应变和竞争能力，以综合效益取胜。发展茸肉兼用的养鹿业，积极开发鹿肉生产，改善人们的肉食结构，发展鹿肉出口贸易，将取得显著的经济效益、社会效益和生态效益。

（二）培育肉用鹿品种，生产优质鹿肉

我国多年来开展了大量的鹿品种选育，已培育出6个优良品种（品系）［双阳梅花鹿品种（1986）、长白山梅花鹿品系（1993）、天山马鹿清原品系（1994）、西丰梅花鹿品种（1995）、乌兰坝马鹿品种、兴凯湖梅花鹿品种（2003）等］，但注重的都是产茸性能，没有考虑肉用性能。苏联为了提高驯鹿的产肉率，于

20世纪60年代初开展了驯鹿各类型间的杂交；新西兰于80年代初进行了欧洲赤鹿（母）与北美马鹿（公）的杂交试验，提高产肉率15%。但目前还没有哪一个国家培育出肉用鹿品种。因此，我们要制订详细、切实可行、可操作性强的育种计划，充分利用我国鹿种资源比较丰富的优势，纯种繁殖与引进国外产肉性能好的优质良种鹿进行杂交改良并重，培育出适合我国特点的肉用型鹿品种或肉茸兼用型品种，形成健全的肉鹿良种繁育和供应体系，为我国肉鹿业的发展建立良好的种源基础。

在目前的科学设备和技术水平条件下培育肉鹿品种，主要是利用本品种选育或杂交选育。梅花鹿肉质细腻、适口性好，但体型小，产肉量低（16月龄可产精肉：公鹿35千克、母鹿20千克）；马鹿具有适应性和抗病性强，耐粗饲、生长速度快、产肉量高（16月龄净肉：公鹿80千克、母鹿45千克）。根据选育目标进行本品种选育，可以选育出优质肉用品种。也可以进行种间或亚种间杂交，如花·马杂交（母梅花鹿 × 公东北马鹿）、马·马杂交（母东北马鹿 × 公天山马鹿）。这样，通过杂交把二者的优良性状固定于一体，形成新类型，同时与马·马杂交产生的后裔组成自繁选育群，进行理想型的选择和培育，就可能培育出肉鹿品种。

（三）采用繁殖新技术，提高生产水平

养鹿业生产的主要任务是在努力增加鹿的数量的同时积极提高鹿茸、鹿肉的质量，以便生产更多、更好的鹿产品来满足人民生活水平日益提高和市场经济不断发展的需要。要增加鹿的数量、提高鹿的品质必须通过鹿的繁殖才能实现，因此掌握好鹿的繁殖技术，搞好鹿的繁殖工作是养鹿业中不可忽视的重要环节。采用繁殖新技术，如同期发情、超数排卵、人工授精、性别控制技术提高母鹿繁殖力，从而提高养鹿生产水平。

（四）提高饲养管理水平，生产高效、优质鹿肉

培育出优质肉鹿、生产出优质鹿肉、建立完善的市场体系，才能保证肉鹿业产生良好的经济效益。因此，要借鉴国内外先进生产经验，着力研究与开发肉鹿生产配套技术，提高肉鹿生产能力，实现肉鹿业健康、稳定和可持续发展。

引起养鹿成本上升的各因素中饲料所占比重最大，为70%～80%。因此，要有效地利用饲草资源和开辟饲料来源，大力推广全价饲料，充分利用青贮、氨化等技术加工秸秆，使饲料多样化，制定并完善饲养操作规程，实施科学饲

养管理，提高饲料转化率，降低饲料成本，从而降低养鹿成本。要大力提倡并扶持发展规模化肉鹿生产，使肉鹿产业向品种产业化、饲养规模化、加工系列化、管理科学化方向发展，确保鹿肉大批量生产，均衡上市，全年供应。

（五）防治疾病，生产高效、优质的鹿肉

随着养鹿业的发展，养鹿数量越来越多，鹿与外界环境接触更加广泛，鹿病种类也不断增加，有的鹿场死亡率高达10%以上（含应淘汰而没淘汰的鹿），鹿病成为养鹿生产的重要风险之一。如结核病、肠毒血症、坏死杆菌病、巴氏杆菌病、布氏杆菌病、大肠杆菌病、副结核病、放线菌病等。只有积极防控疾病，不断净化鹿群，保证鹿群健康，才能正常生长发育和生产，才能够保证生产高效、优质的鹿肉。

（六）建立肉用鹿及其肉品的行业标准，保障养鹿业向肉用化方向健康发展

近年来有机农业在世界范围内迅速发展，质量安全成为制约农产品流通的主要因素。在我国，肉用鹿的产品标准缺乏有效的产品检验、检测体系，没有相应的市场准入制度。近几年由于国内鹿产品没有统一的出口标准，没有可靠的质量保证，在贸易洽谈中无章可循，因而对贸易成交率产生许多负面影响，致使我国鹿产品在韩国、东南亚及欧美的销售渠道一直不够畅通。而新西兰国内的标准与国际通行的标准接轨，因此产品一直畅销于国际市场。为了保证鹿产品能够紧跟市场变化，新西兰政府除了修订、制定一系列相应的标准外，还强化了检验、检测部门的职能，以保证各种标准的顺利执行。所以，建立肉用鹿及其肉品的行业标准，是保障养鹿业向肉用化方向健康发展的基础。

（七）研制开发优质鹿肉产品，提高鹿肉深精加工水平

肉鹿业的产业化发展有赖于高新技术的支持，提高科技成果转化率是实现我国肉鹿产业化的主要推动力。因此，要加速国内外肉鹿生产科技成果的开发、转化和国外新品种、新技术的引进、推广工作，通过多种形式大力开展肉鹿生产科技培训，使肉鹿业的发展步入依靠科技进步的轨道。

鹿肉品质的优劣既是鹿肉生产效率的评价指标，更是鹿肉消费的潜在动力。应围绕提升鹿肉品质，抓好鹿肉生产的各个环节，研究制定肉鹿生产和鹿肉产品的相关标准，建立并推行鹿肉生产全程质量控制体系。以规模化、现代化的屠宰加工厂为依托，采用成熟和保鲜等技术，研究开发现代化的肉鹿屠宰加工工艺。

应用现代肉品加工技术，研制开发优质、安全的鹿肉产品。我国传统的鹿肉食品花色品种少，加工费时费工，产品质量不尽如人意，特别是肉质偏老、有异味、口感不好，营养在加工过程中流失较多，这是影响鹿肉消费大众化的一个因素。要将现代肉制品加工中的半成品、预制品和成品加工技术应用于鹿肉加工，研究开发鹿肉的烹调加工方法，开发出特色鹿肉产品，实现鹿肉药膳和菜肴市场的国际化、品位化、方便化和大众化，进而扩大市场份额，以销促产，实现鹿肉在加工过程中的增值。

专题六
鹿产品性能与采收加工技术

专题提示

鹿茸具有补肾阳、益精血、强筋骨之功能；鹿的角、血、皮、肉、筋、鞭、胎、尾等均能入药，疗效显著，其药理作用已被现代医药学所证明。鹿肉的肉质细嫩，味道鲜美，营养丰富，是人们喜食的上等佳肴。中国养鹿以生产鹿茸为主，出售初级产品，花样少，深加工不够，对于抢占国际市场不利，这种状况亟须改变。要研究开发高精产品，提高产品的附加值，只有这样，才能提高市场竞争力和经济效益。

I 鹿　茸

一、鹿茸生物学特征

（一）茸角的形态

茸角的形状、分枝数目和大小等形态特征，因鹿的种类、年龄及环境条件不同而存在一定的差异，具有种的特征(也是重要的分类特征)。但成年鹿茸角的形态特征都有其共同之处，均由冠和主干构成，见图 40。

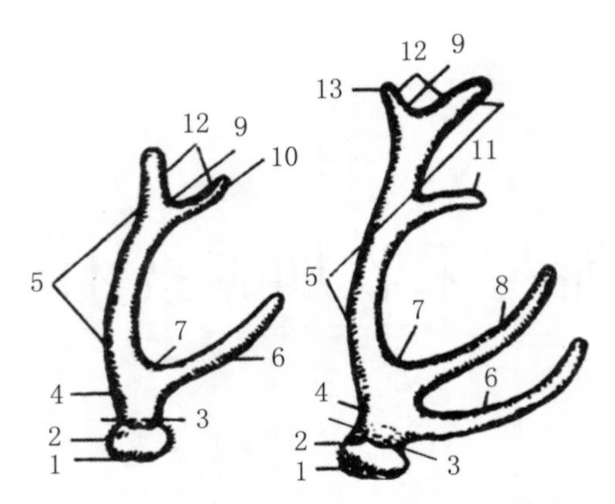

图 40　梅花鹿鹿茸三叉茸（左）和马鹿茸四叉茸（右）

1. 锯口　2. 珍珠盘　3. 锯茸部位　4. 茸根　5. 主干（大梃）

6. 眉枝（门桩、第一侧枝）　7. 大虎口　8. 冰枝（第二门桩）

9. 小虎口　10、11. 第二侧枝（中枝）　12. 嘴头　13. 主干茸头

鹿茸阶段外覆皮肤，其上覆盖密毛，角有光滑的面，并有纵沟或布满疣突。鹿茸角中实无腔，属于实角。

（二）鹿茸的种类

鹿茸的种类很多，根据基源动物（鹿种）可以分为梅花鹿茸（又称黄毛茸）、马鹿茸（又称青毛茸）、水鹿茸、坡鹿茸、白唇鹿茸、驯鹿茸、驼鹿茸、鹿茸和麋鹿茸等。但药用还是以梅花鹿茸和马鹿茸为主流，我国药典 1963 ～ 2010 年版均收载了此 2 种。

按茸体分枝形状（茸形），梅花鹿茸又可分为初角茸、二杠茸和三叉茸，马鹿茸可分为莲花茸、三叉茸和四叉茸。

毛桃茸：是鹿第一次长出的类似毛桃状的鹿茸。

花二杠：是梅花鹿长出除主枝外只有一个侧枝（即眉枝）的茸形。

花三、四叉：是除主枝外长出两三个侧枝的梅花鹿茸形。

莲花茸：是马鹿长出除主枝外只有一个眉枝、冰枝的茸形。

马三叉：是除主枝外只有 2 个眉枝的马鹿茸形。

马四叉：是除主枝、2 个眉枝之外，只有一个侧枝的马鹿茸形。

再生茸：相对当年第一次生长鹿茸。

畸形茸：非标准茸形。

按采收方法可分为锯茸和砍茸。锯茸是指鹿茸成熟以后，保定并通过外科技术锯下来的鹿茸。锯茸分为：梅花鹿的二杠、三叉、椎角、再生锯茸等，马鹿的三叉、四叉、椎角和再生锯茸等。

砍茸分为：梅花鹿的二杠和三叉砍茸，马鹿的三叉和四叉砍茸。

按照加工方式可以分为带血茸、排血茸。也有分为原枝鹿茸（如冰鲜茸、冷冻茸、烫茸、低温冷冻干燥茸等）和加工鹿茸（如切片茸、鹿茸精等）

通常描述鹿茸，应该说明鹿种、茸形、采收方式、加工方式，如花二杠锯茸（带血）、马三叉锯茸（排血）等。

鹿茸的种类分别见图 41 至图 50。

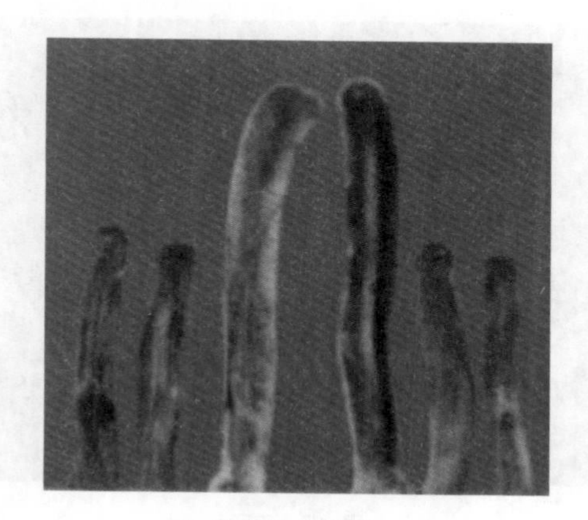

图 41　初角茸

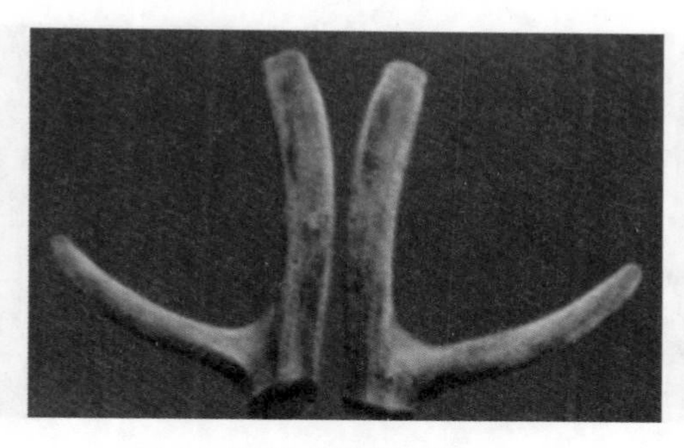

图 42　花二杠锯茸

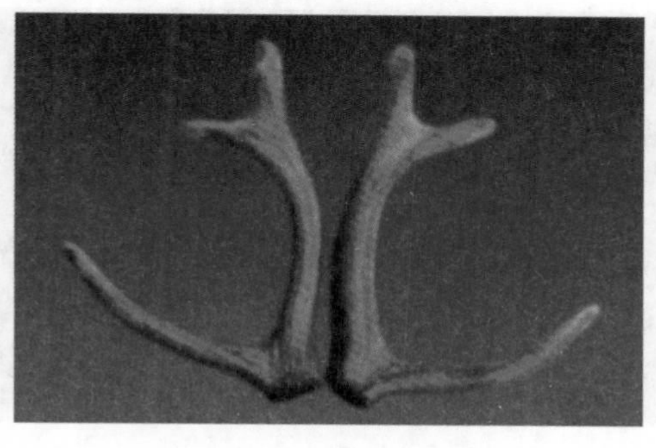

图 43　花三叉锯茸

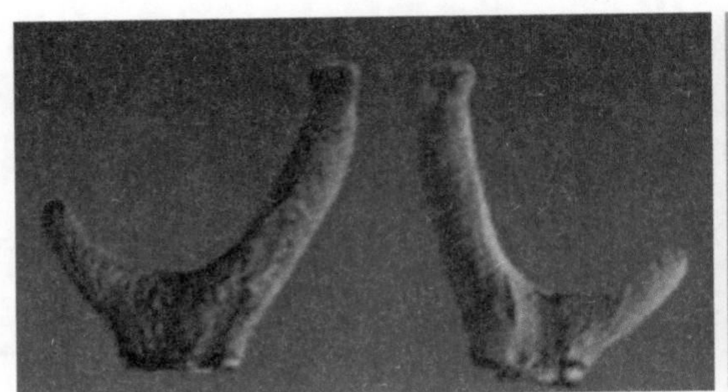
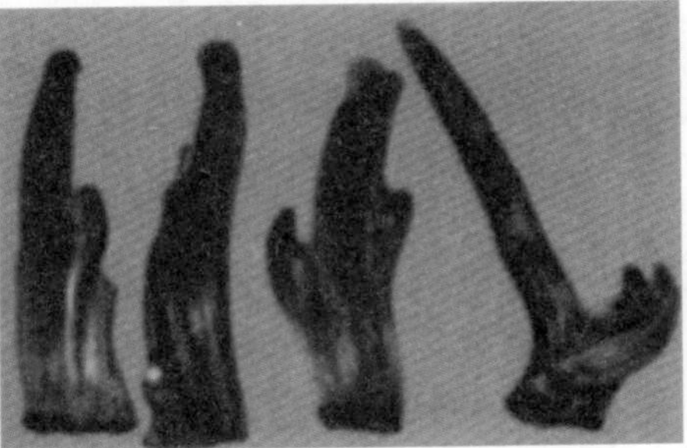
图 44　梅花鹿再生茸

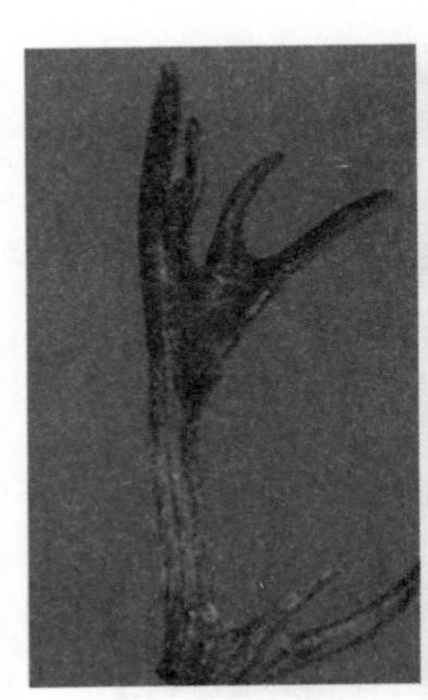
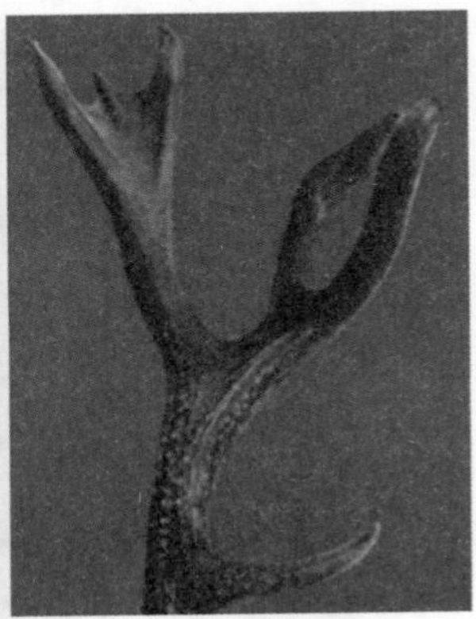
图 45　畸形茸

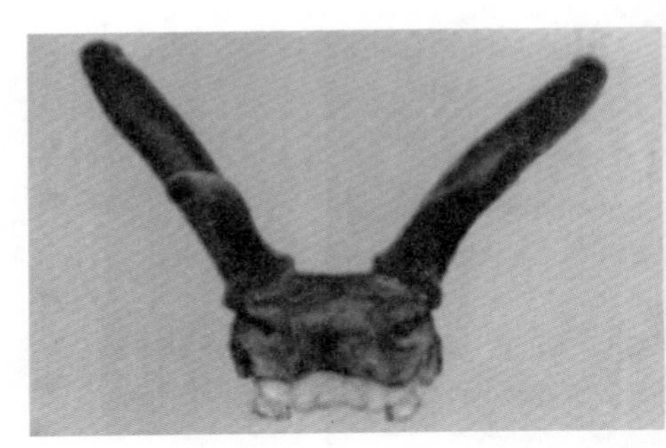

图 46　砍头茸（梅花鹿二杠茸）

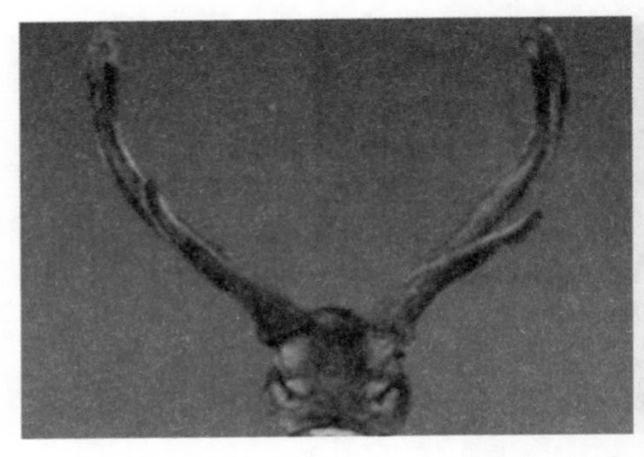

图 47　砍头茸（梅花鹿三叉茸）

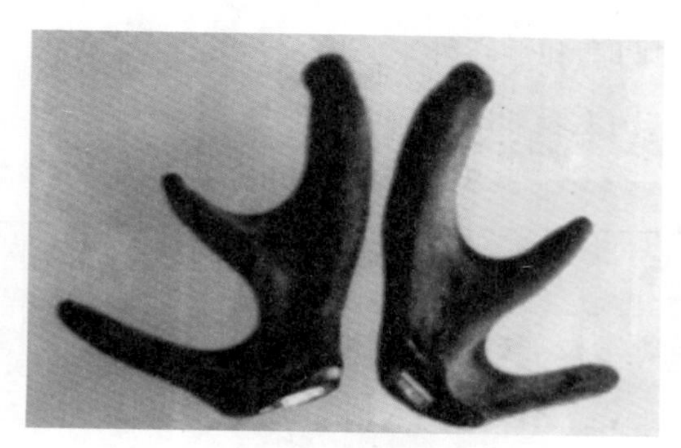

图 48　马鹿茸莲花茸

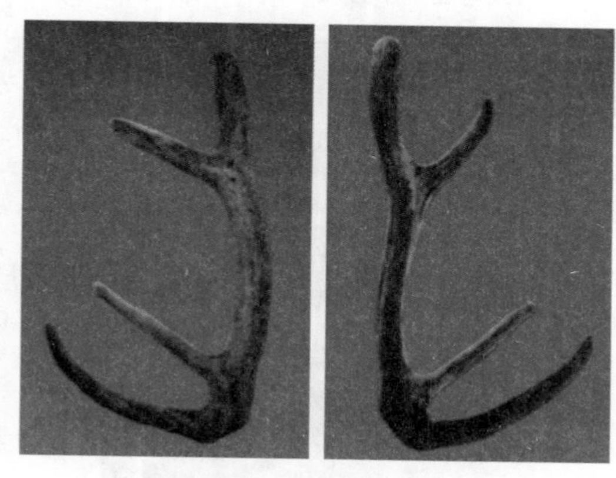

图 49　马鹿茸三叉茸

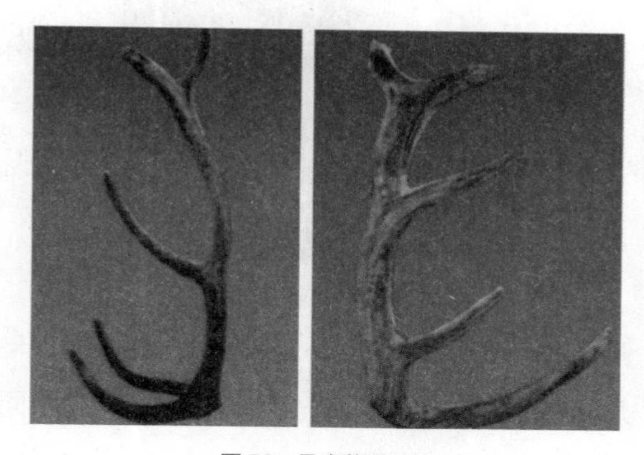

图 50　马鹿茸四叉茸

（三）鹿茸、鹿角及其生物学意义

鹿茸是指长在鹿头上尚未骨化的软骨组织，外被茸皮，形似袋状角。鹿角是由鹿茸转变成完全骨化了的骨质组织，外无茸皮的骨质角。

茸角作为雄鹿的第二性征，在鹿的性活动中具有重要生物学作用。鹿角是抵御敌手、保护母鹿群的武器；茸角有无以及大小是群体中雄鹿地位高低、吸引母鹿的重要外在标志；鹿用角摩擦树干、树杈以及小灌木，留下自己气味，标记自己领地、吸引母鹿和恫吓外来公鹿。

茸角与洞角的区别见表 38。

表 38　茸角与洞角的区别

项目	角质	角形	特点	角表
茸角	中实空腔（类似髓质腔）	分枝、枝数因种别和年龄不同而有异	每年脱落与新生	茸有密毛，角有光滑面，有纵沟或者疣突
洞角	中空有空腔	直或弯曲并不分枝	终生不脱落	始终光滑无毛，多有环纹凸起而无纵沟

（四）鹿茸的组织结构

从横断面和纵断面两个方面来进行阐述。

1. 横断面

鹿茸的组织结构由外向里，可以分为皮肤层、间质层和髓质层，如图 51。

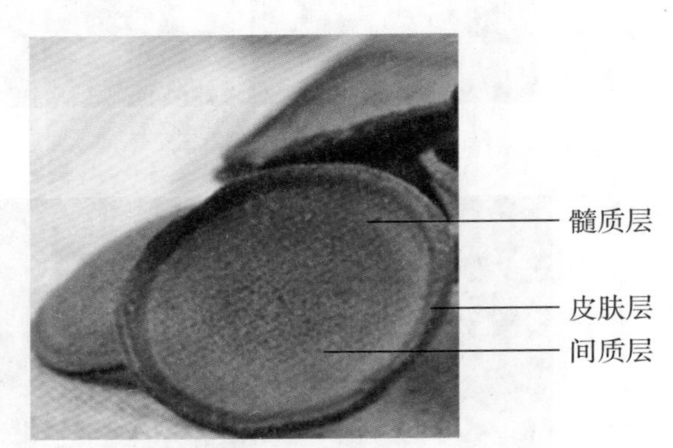

图 51　鹿茸横断面结构

(1)皮肤层　鹿茸的皮肤层即茸皮，是由表皮、真皮和一些附属物构成。

表皮：表皮为复层角化鳞状上皮，与鹿体皮肤的表皮相同。

从外向内又可分为角质层和生发层，是由 2 ～ 4 层扁平的角化细胞构成，比一般皮肤的薄。生发层：从外向内由颗粒层、棘状层和基底层构成，比一般皮肤的厚。颗粒层由 2 ～ 4 层细胞构成。该层细胞与生发层基部细胞相比，个大，色较深，呈椭圆形，其走向与茸皮表面平行。细胞内分布着透明颗粒物质。棘状层构成茸皮生发层的大部分，是生发层细胞分裂最旺盛的地方。分裂由最深层开始，细胞体积逐渐变大，细胞界限逐渐明显，细胞表面可见许多小的突起。基底层为生发层的最底层，与真皮相连，由一层颜色较深的柱状上皮细胞构成。真皮：位于表皮之下，由致密结缔组织构成，其中含有大量的胶原纤维，从外向内又分为乳头层和网状层。

乳头层：是真皮的最外层。该层结缔组织形成许多乳头状突起伸向表皮深层，因此叫乳头层。乳头层中富含毛细血管，为皮肤提供氧及养分。该层毛细血管比一般皮肤的发达。

网状层：位于乳头层以下，与乳头层没有明显的界线。但是，与乳头层相比，细胞变得稀疏，核多为长梭形，成束的纤维排列更加紧密且相互交织。

皮肤层附属器官：皮肤层附属器官主要为茸毛和皮脂腺。

(2)间质层　由骨膜以及将来发育成鹿角的骨密质构成。骨膜由1～6层排列紧密的、半透明梭形细胞构成。

(3)髓质层　三叉茸中断切面的髓质层由骨小梁构成。骨小梁由骨基质薄片连接成网，形成海绵状，网眼充有血迹。骨小梁表面散在许多骨陷窝和骨小管，分布于鹿茸的上段到下段。始于鹿茸中心的骨小梁面积不断增大，骨陷窝逐渐增多，在底部出现了骨板。

2. 纵断面

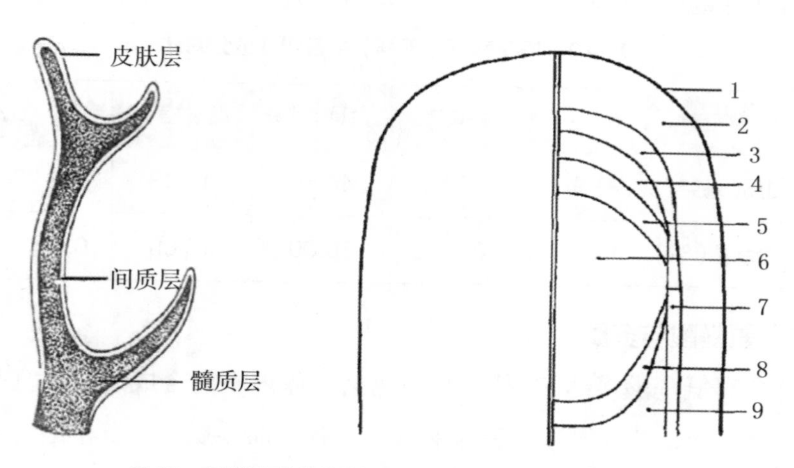

图52　鹿茸组织结构带的划分示意图（李春义等，1989）

1. 表皮　2. 真皮　3. 未分化的间充质　4. 前成软骨细胞　5. 成软骨细胞
6. 软骨细胞　7. 骨膜　8. 初级松质　9. 次级松质

鹿茸的纵断面从外向内也分为3层，即皮肤层、间质层和髓质层。鹿茸顶部表皮生发层比茸干四周的厚0.5～1倍。这可能是由于茸顶部为分生新组织的地方而代谢旺盛的缘故。从纵切面看，鹿茸顶端呈圆帽状的软骨膜增生带和环绕茸干的骨膜层(即将来发育成鹿角的骨密质部分)构成鹿茸的间质层。其中，软骨膜增生带从上往下又分为未分化间充质层、前成软骨细胞层和成软骨细胞层。鹿茸髓质层从上到下分为成熟带、肥大带、钙化带、初级松质带和次级松质带。见图 52。

二、鹿茸化学成分

（一）蛋白质

鹿茸中富含蛋白质，这是人体营养的基本成分。不同鹿茸部位所含蛋白质含量不一样。如不同部位的马鹿茸的总蛋白、胶原蛋白成分的含量见表 39。

表 39　马鹿茸 4 个部位总蛋白和胶原蛋白含量（%）

项目	顶部	上部	中部	基部
总蛋白质	69.08±0.88	61.50±0.77	57.13±0.41	49.27±1.08
胶原蛋白质	10.01±0.52	14.35±1.38	25.83±0.84	31.99±1.26

梅花鹿茸蜡片、粉片、血片和骨片的水溶性蛋白含量分别为 4.97%、3.95%、2.55%、1.59%，不同加工工艺得到的水溶性蛋白含量也有明显差别，提示水溶性总蛋白与鹿茸品质及加工储藏方式有关。

表 40　梅花鹿茸（干鲜）中各组成成分对比

项目	冻干茸	冰鲜茸	热炸茸	比例
水溶性蛋白质（毫克 / 克，干重）	126.54	44.50	10.48	12 ：4.2 ：1
含水量（%）	8.00	70.00	15.00	0.53 ：4.7 ：1

（二）氨基酸与多肽

鹿茸含有氨基酸多达 20 种，其中包括人体内不能合成的必需氨基酸，如赖氨酸、色氨酸、苯丙氨酸、亮氨酸等。在各个品系鹿茸中氨基酸含量以甘氨酸含量最高，在 6.36%～7.16%，蛋氨酸含量最低，在 0.42%～1.32%。不同产地、不同品种、不同入药部位的鹿茸所含氨基酸含量有明显差异。兴凯湖梅花鹿鹿茸比其他品种、品系梅花鹿鹿茸中所含氨基酸含量，其中总氨基酸含量居于中等，必需氨基酸含量相对较低，非必需氨基酸含量较高；兴凯湖梅花鹿鹿茸的上、中、下段的氨基酸、牛磺酸及钙、磷比指标依次下降。梅花鹿三叉茸的氨基酸含量优于二杠茸。梅花鹿茸蜡片、粉片、血片和骨片各部位之间氨基酸含量差异显著。鹿茸中的氨基酸测定结果见表41。

表41　几种鹿茸氨基酸的含量（%）

项目	梅花鹿	马鹿	梅马鹿杂种	驯鹿(公)	驯鹿(雌)	白唇鹿(家)	白唇鹿(野)
色氨酸	0.35	0.78	2.00	0.16	0.30	—	—
赖氨酸	3.88	3.70	3.43	1.47	1.47	3.37	3.03
组氨酸氨	1.34	1.69	1.04	0.38	0.26	1.30	0.97
精氨酸	4.86	4.76	4.85	2.19	2.72	3.80	4.01
天冬氨酸	4.32	4.38	4.00	1.62	2.02	5.54	5.46
苏氨酸	2.02	2.04	1.81	0.65	0.76	1.96	1.83
丝氨酸	2.32	2.31	2.20	0.87	1.00	2.08	2.09
谷氨酸	7.20	6.91	9.71	1.57	3.38	6.04	5.98
脯氨酸	5.84	6.02	5.63	4.12	3.98	5.17	5.61
甘氨酸	7.90	8.12	7.68	7.29	8.05	7.96	8.88
丙氨酸	4.24	4.50	4.21	3.34	3.58	4.49	4.39
胱氨酸	微量	微量	微量	1.71	2.37	—	—
缬氨酸	2.06	2.09	1.85	0.63	0.50	2.49	2.09
异亮氨酸	1.30	1.30	1.13	0.43	0.63	1.02	1.05
酪氨酸	1.07	0.66	1.04	0.36	0.53	1.11	1.00
苯丙氨酸	2.00	3.50	1.53	0.61	1.15	2.17	1.79
蛋氨酸	0.36	0.17	0.34	0.54	0.55	0.60	0.61
亮氨酸	3.27	3.43	2.97	1.18	1.40	3.62	3.06
羟脯氨酸	—	—	—	0.14	0.31	—	—
总量	54.33	56.36	55.42	29.26	34.96	52.72	51.85

鹿茸多肽是由鹿茸自身合成且调节生理功能的必需活性物质，在生命活动中起着相当重要的作用，具有很高的生物活性，是鹿茸主要的药效成分之一。不同品种、品系的鹿茸所含多肽不同。鹿茸多肽具有提高免疫力、增强性功能及抗肿瘤作用。鹿茸多肽对离体的兔肋软骨细胞、人胚关节软骨细胞及鸡胚头盖骨的成骨样细胞的DNA合成和细胞增殖都有明显的促进作用，且无种属的特异性，其增殖作用与鹿茸多肽的浓度之间呈明显的量效关系。鹿茸多肽对表皮细胞和成纤维细胞的增殖有明显的促进作用，并且能加速皮肤的创伤愈合。鹿茸多肽对各种急、慢性炎症具有明显的抑制作用。鹿茸多肽在体外可明显促进神经干细胞向神经元分化，可促进周围神经再生、加快神经轴突生长速度、有助功能恢复的作用。

（三）酯类

鹿茸中脂类化合物有：胆固醇肉豆蔻酸酯、胆固醇油酸酯、胆固醇硬脂酸酯、胆固醇、胆甾烷-5-烯-3β-醇-7-酮、胆甾烷-5-烯-3β、7α-二醇、胆甾烷-5-烯-3β、7β-二醇、胆固醇棕榈酸酯、对氨基苯甲醛、胆固醇软脂酸酯、对羟基苯甲酸和对羟基苯甲醛。其中生物活性最强的油酸、亚油酸、亚麻酸含量较高。不同部位、不同品级鹿茸的总磷脂含量有明显差异。鹿茸各部位总磷脂、牛磺酸的含量均由基部到顶端逐渐增大。双阳品种、长白山品系、西丰品种鹿茸的各部位含量均高于清原品系、乌兰坝品种鹿茸的含量。梅花鹿茸骨片至蜡片间总磷脂含量介于1.01%～5.14%，但东北梅花鹿茸二杠茸与三叉茸之间的总磷脂含量差异不显著。梅花鹿茸中油酸、亚油酸、棕榈酸、硬脂酸分别为21.82%、7.58%、22.12%、16.61%，马鹿茸中4种脂肪酸依次为9.56%、5.01%、26.50%、9.83%，家养白唇鹿茸中4种脂肪酸依次为25.94%、3.28%、34.15%、21.94%。梅花鹿茸与驯鹿茸中脂肪酸和磷脂的含量分别见表42和表43。

表42 梅花鹿茸与驯鹿茸脂肪酸含量（%）

项目	驯鹿茸（公）	驯鹿茸（母）	驯鹿茸（去势公）	梅花鹿茸
豆蔻酸（14：0）	0.017	0.017	0.025	0.041
棕榈酸（16：0）	0.455	0.415	0.426	0.829

续表

项目	驯鹿茸（公）	驯鹿茸（母）	驯鹿茸（去势公）	梅花鹿茸
棕榈烯酸（16 ：1）	0.370	0.445	0.233	0.134
硬脂酸（18 ：0）	0.350	0.439	0.382	0.478
油酸（18 ：1）	0.802	1.131	0.854	0.590
亚油酸（18 ：2）	0.163	0.150	0.157	0.141
亚麻酸（18 ：3）	0.046	0.047	0.040	0.054
花生酸（20 ：0）	—	—	—	0.037
花生二烯酸（20 ：2）	—	—	—	0.239
花生四烯酸（20 ：4）	—	—	—	0.125
未知脂肪酸	0.277	0.476	0.312	0.131
总量	2.48	3.12	2.43	2.80

表 43　梅花鹿茸与驯鹿茸磷脂含量（%）

项目	驯鹿茸（公）	驯鹿茸（母）	驯鹿茸（去势公）	梅花鹿茸
溶血磷脂酰胆碱 LPC	0.137	0.207	0.132	0.044
神经鞘磷脂 SM	0.109	0.125	0.103	0.088
磷脂酰胆碱 PC	0.293	0.393	0.228	0.181
磷脂酰肌醇 PI	0.090	0.098	0.052	0.025
磷脂酰丝氨酸 PS	—	—	—	0.014
磷脂酰乙醇胺 PE	0.046	0.047	0.018	0.024
磷脂酰甘油 PG	—	—	—	0.003
双磷脂酰甘油 DPG	0.001	—	—	0.002
磷脂酸 PA	0.001 4	—	—	0.001

续表

项目	驯鹿茸(公)	驯鹿茸(母)	驯鹿茸(去势公)	梅花鹿茸
总磷脂	0.68	0.87	0.54	0.37

(四)糖类

鹿茸中的糖类主要有戊糖、己糖胺、糖醛酸等，总糖的含量为15.98%～18.86%。东北梅花鹿三叉鹿茸蜡片、粉片、血片和骨片的总糖含量分别为3.21%、2.21%、1.04%、0.49%；从蜡片到骨片，总糖含量逐渐降低，从内在成分上说明了不同部位的鹿茸片存在质量差异。鹿茸多糖可以激活免疫机制，增强机体免疫功能；能杀伤肿瘤细胞，促进抗肿瘤免疫应答，有利于肿瘤治疗。

(五)甾类化合物

鹿茸中的甾类化合物有性激素和激素样物质等，如孕酮、睾酮、雌酮、雌二醇。梅花鹿茸中雌二醇、雌酮含量分别为0.103微克/克和0.289微克/克；马鹿茸中雌二醇、雌酮和黄体酮含量分别为0.090微克/克、0.434微克/克和0.070微克/克。鹿茸醇浸出物中含有多种对人体有重要活性作用的前列腺素，如PGE、PGF、PGA等系列(表44)。这可能是鹿茸作为补肾助阳的重要药物之一。

表44　鹿茸中前列腺素的含量(皮克/毫克)

项目		PGA	PGE	PGF
干茸	梅花鹿	30	53	40
	马鹿	7.5	40	25
	花马杂种	10	53	30
	驯鹿(公)	17	25	25
	驯鹿(母)	12.5	40	8
梅花鹿鲜茸	顶部	7	17.8	19
	中部	9.4	22	16.6
	基部	6.7	26.5	23.4

（六）生物胺类

鹿茸中的生物胺类包含单胺和多胺类物质。茸尖部多胺含量较高，鹿茸的中部和根部随骨化程度的增强，精脒含量逐渐减少，而腐胺和精胺含量逐渐增加。在整个鹿茸中，因为顶部所占重量百分比较少，所以整个鹿茸总多胺中腐胺含量最多，精脒次之，精胺最少。不同种属来源、不同部位、不同品级鹿茸的含量有明显差异。鹿茸多胺具有抗氧化作用。鹿茸多胺在体外能明显抑制 NADPH- 维生素 C 和 Fe^{2+}- 半胱氨酸系统诱发的大鼠脑、肝、肾微粒体脂质过氧化反应（MPD 形成），抑制黄嘌呤 - 黄嘌呤氧化酶系统 O_2 的产生（还原型细胞色素 C 形成）；在体内能抑制 CCl_4 和乙醇诱发的小鼠肝脂质过氧化反应（MPD 形成）。

（七）核酸成分

鹿茸有次黄嘌呤、尿素、尿嘧啶、肌酐、脲和尿苷等核酸成分。鹿茸具有较强的抑制单胺氧化酶（MAO）作用，次黄嘌呤是鹿茸中抑制 MAO 的主要活性成分。有建议梅花鹿茸饮片含尿嘧啶不得少于 0.020%，含次黄嘌呤不得少于 0.016%。

（八）生长因子

鹿茸有表皮生长因子、胰岛素样生长因子以及神经生长因子。胰岛素样生长因子（IGF-1）含量在马鹿茸尖部酸粗提物中的含量约为 30 纳克 / 克，明显较根部为高。

（九）无机元素

鹿茸中所含的无机元素及其含量见表 45。

表 45　不同鹿种的鹿茸中无机元素的含量（%）

项目	梅花鹿	马鹿	花马鹿杂种	驯鹿	驯鹿（雌）	白唇鹿（家）	白唇鹿（野）
Ca	10.60	13.93	10.85	15.89	15.25	9.71	11.08
P	5.32	6.65	5.48	7.71	7.80	5.32	5.56
Fe	0.051	0.018	0.053	0.014	0.032	0.037	0.027
Mg	0.25	0.31	0.23	0.36	0.30	0.287	0.292
Al	0.01	0.05	0.002	0.003	0.003	0.003	0.003

续表

项目	梅花鹿	马鹿	花马鹿杂种	驯鹿	驯鹿（雌）	白唇鹿（家）	白唇鹿（野）
Ag	0.001	0.001	0.001	0.001	—	—	
Cu	0.0007	0.000 7	0.000 8	0.000 3	0.001	0.002	0.003
Zn	0.005	0.007	0.003	0.01	0.005	—	—
Ba	0.003	0.003	—	0.003	0.005	—	—
Mn	0.002	0.002	—	0.001	0.001	—	—
Sn	0.003	0.001	—	—	—	—	—
Si	0.007	0.03	0.010	0.01	0.01	0.01	0.01
Sr	0.200	0.20	0.200	0.200	0.200	—	—
Pb	0.002	0.002	0.001	0.001	0.001	—	—
Co	0.001	0.001	0.001	0.001	0.001	—	—
Ti	0.002	0.008	0.01	0.007	0.005	0.001	0.003
V	0.005	0.005	0.001	0.003	0.003	0.003	0.003
Zr	0.02	0.07	0.07	0.03	0.03	0.008	0.008
Mo	—	—	—	—	0.001	—	
Na	0.43	0.32	0.32	—	0.30	0.49	0.36

（十）维生素

鹿茸中富含维生素A、维生素D、维生素E、维生素B_2、硫胺素、核黄素等，且因加工方法不同而不同。据报道，白片、血片、未水煮冻干茸、水煮冻干茸的维生素E的含量分别为1.73毫克/克、1.80毫克/克、2.61毫克/克、2.36毫克/克。

延伸阅读

鹿茸的作用

1. 鹿茸的滋补、抗疲劳作用

鹿茸富含人体必需的营养物质，如蛋白质（氨基酸、多肽）、维生素、矿物质、功能性成分等，对于体质虚弱的人具有很好的滋补作用，被用于补养元气、增加身体耐力、抗疲劳等，这是被广泛认可的基本作用。

试验证明，食用鹿茸者比未使用者游泳时间延长 85 分，在 − 22 ～ − 21℃寒冷环境存活时间延长 25 分。

2. 鹿茸对生殖功能与性功能的作用

鹿茸对生殖功能与性功能的作用，是被广泛认可的第二大作用。研究和实践证明了鹿茸及其提取液对性器官的发育、性激素的分泌及性功能的改善有较好的疗效。鹿茸提取物有明显增加未成年雄性动物（大鼠、小鼠）的睾丸、前列腺、储精囊等性腺重量的作用。以鹿茸为主的组方（鹿茸、人参、雄蚕蛾、菟丝子等）药有明显促进正常动物性器官及附性器官发育成熟的作用，并能使去势大鼠附性器官生长发育接近正常水平，提示该药可通过不同环节发挥补肾壮阳、改善性功能的作用。以鹿茸为主的组方（鹿茸、红参、熟地黄等）治疗男性不育 104 例，总有效率 96.15%，提示该药有补肾填精、益气生血的作用，为治疗男性不育的理想药物。

3. 鹿茸抗氧化、抗衰老作用

鹿茸抗氧化、抗衰老作用，是被广泛认可的第三大作用。鹿茸醇提物可提高小鼠清除自由基的能力，降低细胞脂质过氧化水平和生物膜受损程度，提高机体的抗氧化作用，从而延缓机体衰老。现代药理学研究与我国中医临床实践证明的鹿茸具有抗衰延年作用相吻合。

4. 鹿茸增强免疫功能和抗病能力

鹿茸精对机体免疫功能的全面促进作用，可能是鹿茸用于“生精补髓、养血益阳”的重要药理学基础之一。这种增强机体免疫功能和抗病能力，是被广泛认可的第四大作用。鹿茸的提取液可以提高人体的免疫能力，具有明显的促进免疫功效。

鹿茸中的活性物质能够促进骨细胞增殖，治疗骨质疏松。鹿茸多肽是从鹿茸中提取的一种多肽类生物活性因子，由 68 个氨基酸组成，相对分子质量为 7 200，主要含有缬氨酸、丙氨酸、赖氨酸和甘氨酸，不含半胱氨酸，具有促进家兔软骨细胞和表皮细胞有丝分裂的作用，同时还具有抗炎、促生长作用。

鹿角盘多糖具有显著抗牛病毒性腹泻病毒（BVDV）作用，且有一定的量效关系，在 2 ~ 39 微克 / 毫升安全浓度范围内，随浓度的提高鹿角盘多糖抗病毒的作用增强。

5. 对心血管系统的作用

鹿茸精可维持心肌细胞膜和微粒体膜的稳定性，从而减少钙内流，避免钙负荷，减少心肌细胞损失，具有保护心肌微粒体钙泵活性的作用。适量的鹿茸精能使患者的心搏充盈，心音更为响亮，收缩压和舒张压上升，心电图显示房室传导时间短，心室收缩波比常态增高 4%，T 波也有所增大。鹿茸对于心脏功能和血压具有双向调剂作用。

鹿茸精注射液有促进骨髓造血和提高外周血象红细胞和血红蛋白的作用，对肾性贫血所引起血清氨基酸浓度降低有升高作用，并具有较好的生精血功效。利用参桂鹿茸丸治疗慢性原发性低血压综合征取得了显著效果。

6. 鹿茸对神经系统的作用和增强学习和记忆功能

鹿茸中存在大量的神经生长因子和胰岛素样生长因子。神经生长因子是神经元存活所必需的，参与神经再生；胰岛素样生长因子作为肌源性神经营养因子可以促进神经元突起生长，刺激细胞增殖、分化、成熟和存活。鹿茸多肽能促进脊髓损伤大鼠运动功能的恢复，且呈剂量依赖性。

鹿茸中含有大量磷脂类化合物，与神经细胞的功能有密切关系，对小鼠记忆的获得、记忆再现和记忆巩固等三个不同记忆阶段均有明显的促进作用。对脑内单胺介质含量无明显影响，但对脑内蛋白质合成有明显促进作用，可能是增强学习和记忆力的基础。

7. 对骨细胞和骨骼的作用

促进骨骼生长和抗炎作用。鹿茸中的活性物质能够促进骨细胞增殖，治疗骨质疏松。

促进骨折愈合和修复。鹿茸多肽能明显刺激软骨细胞和成骨样细胞的增殖，其增殖作用有明显的量效关系且无种属特异性，对骨和软骨细胞分裂及骨折修复作用明显。鹿茸多肽通过促进骨、软骨细胞增殖及促进骨痂内骨胶原的积累和钙盐沉积而明显加速骨痂的形成及骨折的愈合。

抗骨质疏松症。梅花鹿茸胶原酶解物（CSDV）能够明显提高去势骨质疏松症大鼠骨密度，调节血清碱性磷酸酶水平和骨钙素水平，在防治去势大鼠骨质疏松症方面具有明显作用。鹿茸总多肽（TVAP）能纠正维 A 酸所致骨重建的负平衡状态，使骨量增加，骨组织显微结构趋于正常，对大鼠骨质疏松有防治作用。鹿茸的氯仿提取物（CE-C）能抑制分化的破骨细胞的再吞活性，从而调节骨再吸收作用，达到治疗骨质疏松的目的。鹿茸中蛋白聚糖对去卵巢大鼠所致骨质疏松症的治疗有明显的疗效，为鹿茸的开发和骨质疏松症的治疗提供了理论依据。

抗股骨头坏死。经鹿茸提取物治疗由地塞米松诱导的大鼠缺血性股骨头坏死程度明显降低，羟脯氨酸含量显著下降，氨基己糖的含量和氨基己糖 / 羟脯氨酸的比率显著增加。鹿茸提取物通过调节细胞周期促进成骨细胞增殖，对缺血性股骨头坏死具有积极的疗效。

抗软骨细胞老化。通过鹿茸多肽对大鼠软骨细胞的作用研究发现，鹿茸多肽不仅可以逆向影响老化相关调控因子的表达来实现其抗软骨细胞退变老化的作用，而且还具有显著的抗软骨细胞复制性老化作用。

口服“鹿茸二鞭酒”（以鹿茸、人参、鹿鞭、黄狗肾为主方）的方法治疗腰肌劳损、风湿性关节炎、类风湿性关节炎、颈椎病、肩周炎等症 38 例，1 个疗程后，治愈 9 例，占 23.68%；显效 18 例，占 47%；有效 11 例，占 28.95%，总有效率为 100%。采用冠脉再通丹（鹿茸、龟板、人参、红花、琥珀、水蛭等）治疗冠心病心绞痛 240 例，治疗组临床疗效总有效率为 93.75%。鹿茸多肽对大鼠背部皮肤缺损有加速修复作用，对骨折有明显促愈合作用。

8. 促进创伤愈合

鹿茸多糖灌胃给药，对雄性大鼠胃溃疡有显著保护作用，还增强肠道的运动和分泌机能，其抗溃疡作用主要是促进 PGE2 的合成。马鹿茸多肽通过促进表皮细胞和成纤维细胞增殖加速皮肤创伤愈合，并从总鹿茸多肽（TVAP）中分离出活性更强的单体多肽化合物（nVAP），证实为促进表皮细胞分裂和加速皮肤创伤愈合的主要活性成分，合成鹿茸多肽（sVAP）对表皮细胞和成纤维细胞增殖有促进作用。

9. 抗癌作用

研究发现鹿茸肽类物质对大鼠肾上腺嗜铬细胞瘤株有显著的促分化作用，同时抑制肿瘤细胞的增殖。通过对腹腔接种 S-180 型小鼠饲喂鹿茸蛋白提取物，其生存时间显著延长，结果表明鹿茸蛋白有抗肿瘤的作用。鹿茸多糖在免疫功能低下的机体内，可激活免疫机制杀伤肿瘤细胞，促进抗肿瘤免疫应答，提高防御能力和抗肿瘤能力。鹿茸能促进新生血管生成，而由于肿瘤是血管依赖性疾病，促进新生血管的生成是治疗肿瘤的标准方式。鹿茸角 Folch 试剂提取液和水提液能保护动物对抗结肠癌。

10. 对消化系统的作用

鹿茸有兴奋消化道，使其扩张、收缩增强，促进胃肠道蠕动与消化液分泌，增加食欲的作用。研究证明，鹿茸多糖能降低胃酸酸度，抑制胃蛋白酶的活性，并使胃液中 FGE2 含量增加，并具有抗溃疡(应激性溃疡、醋酸性溃疡、结扎幽门引起溃疡)作用。

鹿茸提取物促进 RNA 和蛋白质合成主要由于其刺激 RNA- 聚合酶 II 活性的缘故。研究发现鹿茸口服液可明显增加老年小鼠肝 RNA 和蛋白质含量，对老年小鼠 RNA 和蛋白质合成有明显促进作用。鹿茸提取物与黑木耳多糖复配能有效地控制糖尿病小鼠的血糖血脂水平，纠正其脂质代谢紊乱。

11. 鹿茸的不良反应

《本草纲目》和《名医别录》等许多古代药物学专著明确指出鹿茸无毒。毒理研究结果表明，鹿茸本身没有任何的不良反应。鹿茸属补精填髓的补益佳品，但服食不善，往往易发生吐血、衄血、尿血、目赤、头晕、中风昏厥等症，进补者应辨证施补，合理用药，才能收效。口服鹿茸后，一般无严重的不良反应。但若长期连续服用或一次大剂量服用，偶见不良反应，如高血压患者一次口服鹿茸剂量过大可能引发急性心功能不全，有的甚至突发脑溢血，轻者造成机体严重损伤，重者死亡。孕期大剂量使用鹿茸粗制剂，其雄激素样作用可致幼儿性早熟；鹿茸雌激素样作用可使月经周期延长。传统中医认为鹿茸偏热性，属于温补药物，而糖尿病人多以阴虚或气阴两虚为主，如果进补鹿茸会导致阴虚加重，有引起糖尿病病情加重的风险，同时鹿茸也含有促使血糖升高的糖类肾上腺皮质激素样物质，因此，糖尿病患者不宜盲目食用鹿茸。

四、鹿茸的生长发育

鹿茸的生长发育是呈规律性变化的。一般新茸是从萌动开始，进而进入快速生长，而后骨化速度超过生长速度，待骨化到一定程度后，茸皮脱落，变成骨质角，最后脱落，一个茸角生长周期结束，开始进入下一个周期。

梅花鹿和马鹿的雄性仔鹿一般在生后 8 ～ 10 月龄时，开始从额骨的皱皮旋处生出骨质突起，由此形成角基，在此基础上生长出初角(稚角)，通常生长较缓慢，收获后称为初角茸。角基(草桩)终生不脱落，是鹿茸生长的基础。进入鹿茸的神经、血管、骨骼、肌肉和皮肤都是通过角基使鹿茸与头部有机地连接在一起。幼年鹿具有较长的角基，随着收茸次数即年龄的增长，角基逐步缩短且变粗。老龄的鹿，角基已基本消失，角盘贴近头骨，俗称“坐殿”。初角茸角盘于第二年初夏前后自然脱落，以后随着鹿年龄的增长，脱盘的时间逐年提前。5～6岁以后的成年鹿，北方梅花鹿脱盘长茸的时间大体集中在4月，马鹿大体集中在3月。脱盘后，即进入鹿茸生长期。

鹿的角盘脱落之后，在角基的上方形成一个裸露的创面，然后皮肤层向裸面中心生长，逐渐在顶端中心处愈合，被称为封口。封口不断向上生长，经20天左右开始向前方分生第一侧枝(俗称眉枝)，此时形成二杠茸形状，而马鹿茸紧接着连续分生第二侧枝(俗称冰枝)。随着主干向粗、长的生长，至50天左右，茸顶开始膨大，梅花鹿茸开始分生第二侧枝(上门枝)，形成三叉茸形状，马鹿茸则分生第三侧枝。继续生长到70天左右，梅花鹿茸将由主干向后分生第三侧枝，马鹿茸将分生第四侧枝。90天左右，马鹿茸将分生第五侧枝。一般梅花鹿茸可以分生4个侧枝，马鹿茸可分生6～7个侧枝。

到了8月中旬至9月初，鹿茸茸皮脱落成为骨质角，于第二年春季脱落，整个茸角生长周期结束，又开始进入下一个生茸周期。

五、收茸

(一)收茸要求

1. 收茸的一般要求

一般3岁(头锯)梅花公鹿虽绝大部分能生长出三叉型鹿茸，但由于其年龄小，脱盘晚，生茸期相对短，所生产的三叉型鹿茸一般都达不到高等级要求，价值也低，所以应收二杠型鹿茸。4岁(2锯)公鹿大部分可收三叉型鹿茸，但对鹿茸干瘦细小者可收取二杠型鹿茸。5岁(3锯)以上的公鹿基本达到体成熟，所生鹿茸粗大肥嫩，应收取三叉型鹿茸。对于那些茸形不整、分枝不规则等非规则形状的鹿茸，应在枝叉顶端饱满时收取畸形(怪角)茸。

2. 梅花鹿二杠砍茸要求

粗壮、肥嫩、虎口饱满、长短适宜，优级茸干重(估重)不低于250克。

3. 梅花鹿三叉砍茸要求

茸形规整对称，嘴头饱满肥嫩，挺圆，优级茸干重不低于1 750克。

4. 马鹿(白唇鹿)

一般以收三叉茸为主，但对于长势旺盛、茸体粗大、茸形规整、肥嫩、嘴头粗壮的鹿茸也可收四叉茸。

5. 水鹿

主要收取二杠茸和三叉茸。

（二）收茸时期

1. 梅花鹿茸的收取

成年公鹿生长的二杠茸，如主干和眉枝粗壮，长势良好，应适当延长生长期；对细条茸和幼龄公鹿长出的二杠茸，可早收。例如2岁梅花鹿在生产中多于脱盘后45～55天收取二杠茸。成年公鹿长出的三叉茸，如茸大形佳，上嘴肥嫩，应延长生长期，收大嘴三叉茸。例如3岁以上梅花鹿在生产中多于脱盘后65～75天收取三叉茸。对于顶沟长、掌状顶和其他类型的畸形茸，也可适当晚收。但对于茸根出现黄瓜钉、癞瓜皮的三叉茸，应早收。

梅花鹿砍头茸的收获时间应比同规格的锯茸提前2～3天。二杠砍头茸应在主干粗壮、顶端肥满、主干与眉枝比例相称的生长旺期收取。三叉砍头茸在主干上部粗壮，主枝与第二侧枝端丰满肥嫩、比例相称、嘴头适当时期收取。

2. 马鹿茸的收取

成年马鹿生长的三叉茸，嘴头肥壮，茸大形佳，应尽量收大嘴三叉茸，到顶端拉沟前收获。头锯、2锯和成年马鹿的鹿茸出现细杆瘦条者，尽量早收。放四叉的马鹿茸，在第五侧枝分生前、嘴头粗壮期收取。

3. 再生茸和初角茸的收获

在7月中旬前锯取头茬茸的公鹿，到8月中下旬都长出不同高度的再生茸（二茬茸）。再生茸在配种前根据茸的高矮老嫩程度分期分批收取。

（三）收茸方法

1. 保定方法

（1）机械保定　机械保定包括麻绳套腿、吊索式麻绳吊腰、抬杆式、夹板式、陷网式和液压式自动保定等，下面主要介绍一下夹板式保定方法，因为夹板式保定器具有使用方便、工作安全、节省人力、保定效率高等特点，已被广泛应用。以下简单介绍一下液压式自动保定方法。

夹板式保定：夹板式保定器主要由机架、操纵手杆、踏板、夹板、门、侧板、压背鞍、压颈杆等构成。一般夹板工作状态最小宽度10～15厘米，夹板长1.5米、宽3.2米，夹板内斜角度25°～28°，踏板行程30厘米。

夹板保定的操作如下：首先将锯茸公鹿由原鹿舍拨到小圈，拨鹿时不要急追猛赶，严防惊群撞伤鹿茸，要注意稳群。当鹿被拨到小圈后，使其逐头经过转门拨入通道，用推板迅速推入锯茸保定装置，待鹿站在踏板上位置合适后，扳动操纵手杆，使夹板内收夹住鹿体，与此同时踏板下降，使鹿体悬空后用压背鞍压住鹿背部，用压颈杠压住鹿颈，开前门固定鹿头即可锯茸。锯完茸后回扳操纵手杆，使踏板上升复位，与此同时夹板也外展复位，松开压背鞍和压颈杠，鹿即可自由跑出。

液压式自动保定：此法是在夹板式保定法基础上发展起来的，主要是利用液压油泵、分配器和油缸等液压原件使踏板升降和夹板压松而进行保定的。当鹿进入保定器站稳后，启动电源，使踏板下降，夹板内收，或提升液压分配器，扣齿将鹿扣住，固定鹿头进行锯茸。此法多用于马鹿。

（2）化学药物保定　化学药物保定是将化学药物通过麻醉枪或注射器注入鹿体内，使鹿镇静，肌肉松弛或麻醉倒地，达到“制动”目的的一种保定方法。

将化学药物注入鹿体应注意：第一是使动物不能走动或运动反应减弱而不影响成活；第二是药物对动物的血压、呼吸、心跳及其他脏器无明显的影响；第三是用药后能达到捕获或在现场进行手术的目的；第四是有拮抗剂可解除此化学药物的作用。

注射药物的麻醉枪有步枪式和手枪式 2 种，步枪式用于远距离射击，手枪式适于近距离使用。保定所用化学药物种类很多，但主要有静松灵、眠乃宁、司可林、保定宁、麻保静、保定 1 号、制动灵、新保灵、复方噻胺酮、埃托芬、季胺酚等，其中前 4 种药物最为常用，使用时按说明给药。

注意事项：要备好急救药材，例如强尔心等强心剂；维生素 K、肾上腺素或氨甲苯酸等；要有充足的苏醒灵。鹿倒地后要注意观察鹿的麻醉情况，观察舌、眼、呼吸、心跳频率的变化，发现异常立即采取相应的急救措施。为避免阻碍呼吸，应注意把鹿舌拉出口外。鹿苏醒后应注意观察锯口处的出血情况，及时进行对症处理，并给予良好的饲养管理和充足的饮水。

（3）化学药物和机械相结合保定　采用此保定方法，首先用少量的镇静麻醉或肌肉半松弛类药物，使鹿处于半麻醉或肌肉松弛的状态，然后再进入保定器内保定锯茸。此法主要适用于马鹿和异常惊恐的梅花鹿，它比单纯的机械方法省力安全，又可避免药物麻醉因药量不当而造成意外事故发生。其操作过程是：先将公鹿拨入保定器的附属设备中，用金属注射器将药物注射入鹿体内，待鹿出现精神沉郁，不再骚动状态时，将其推入保定器内保定锯茸。

2. 收茸方法

(1)收茸工具　收茸工具主要是锯茸锯，要求条薄、锯齿锋利、“料”小，这样可减少对组织的刺激，以利封口和减小锯口宽度，不造成浪费，另外锯锋利有利于快速锯茸。一般医用骨锯、工业铁锯、木工刀锯和条锯均可，见图53。

(2)收茸时间　鹿茸收获时节正值夏季，天气炎热，为了确保鹿的安全，锯茸要求在空腹和凉爽时进行，并给加工鹿茸留有充足的时间，以便于对锯茸鹿的观察护理等。因此锯茸一般在早饲前，即早上5～7点进行。若为了锯茸和加工时间都充足，并不致因收茸而推迟早饲时间，亦可在晚饲前锯茸，第二天进行鹿茸加工。

(3)收茸技术

图53　锯茸

1)锯茸方法　鹿被保定后，要切实固定住鹿头，防止碰伤鹿茸，锯茸者一手持锯，一手握住茸体，迅速将茸锯下，其要求有以下几点：

第一，锯口要平。即残留在角柄上的茸周围高度应一致，若偏上过多会造成浪费，偏下则会损伤角柄，影响第二年生茸，甚至产生畸形茸。

第二，留茬适当。留茬的高低主要由下锯的位置决定。若留茬过高，部分茸留在角柄上影响产量，造成不必要的浪费；留茬过低，容易损伤角柄，影响第二年生茸，甚至会产生畸形茸。正确的下锯位置应在角冠上方最细处，即头茬茸距角柄1.5厘米，再生茸距角柄2厘米，初角茸距角柄2.5～3厘米。

第三，锯茸时，记录员要认真仔细地做好记录。

2)砍茸方法　过去是将鹿处死，取下鹿头，鹿茸连同头骨一起加工，因以前取鹿头时用斧子砍，故称之“砍茸”或“砍头茸”，此法现在很少用。

目前，许多鹿场收取砍头茸时，首先麻醉，然后用利刃刀在喉下切断颈静脉放血，放血后在颈前 1/3 处环切皮肤，从第一、第二颈椎处割断鹿头。在放血过程中应注意：切勿紧握鹿茸，以免造成瘀血，加工后出现乌皮。

收获砍头茸要将鹿杀死，一般只用于老、伤、病、残的公鹿。

3. 止血

鹿茸是血液循环旺盛的器官，锯茸时必然出血，对鹿的体况有很大影响，若出血太多可导致死亡。所以止血是收茸技术的一部分，必须重视。

（1）药物止血　此类药物具有消炎止血、吸附止血、黏着止血等功能，其种类繁多，但止血方法相同。将止血药剂撒在底物上，托于手掌，当鹿茸锯下后，迅速按在留茬鹿茸的断面上，按压 2 分左右，使药剂和血液接触，促使血液凝固，达到止血目的。

（2）结扎止血　结扎止血是确实有效的止血方法，尤其是对马鹿茸、大的畸形茸，多采用结扎与药物相结合的方法进行止血。结扎物一般有布带、绷带、鞋带、绳，或橡皮筋等。其结扎方法是：可以在锯茸前，于角柄处结扎，然后锯茸；也可以将止血药撒在塑料布上，当鹿茸锯下后，迅速将药物扣在留茬鹿茸的断面上，连同塑料布一起于角柄处结扎。一般 2 ～ 4 小时解下。

六、加工

（一）煮炸加工方式

1. 鹿茸加工设备

（1）煮（烫）茸器　煮茸器实际上是个大的电煮锅，长 60 ～ 100 厘米，宽 60 厘米，深 70 厘米，电压 380 伏，功率 6 千瓦，自动控温。

（2）烘烤设备　电热干燥箱：电热干燥箱主要是以电阻丝为热源，自动控温，有排湿装置，容积 0.5 ～ 1.5 $米^3$。因其排湿性能差，干燥鹿茸效果并不理想，现多用远红外线干燥箱代替。

远红外线干燥箱：远红外线能直接辐射，即所谓有一定的穿透力，所以鹿茸干燥效果比电干燥箱好。此外，也有的鹿茸场使用电阻带式远红外辐射器自制成远红外线鹿茸烘干箱，成本低，效果好。

微波加热器：利用微波进行加热，加热均匀，速度快，并且热能利用率高，为常规加热的几十倍。微波设备主要由微波功率发生器和微波炉组成。微波炉有隧道式和箱式，鹿茸加工用的是箱式。

(3)风干设备　目前风干设备主要是电风扇。电风扇的安装形式有3种：一是将电风扇安装在天棚上，由上往下吹风；二是将电风扇安装在地板上，由下往上吹风；三是将电风扇安装在风干车间的某侧，由侧面吹风。目的是加强空气流动，加快鹿茸表面水分子的蒸发速度。

(4)排血设备

减压泵：一般使用工业或医用减压泵，利用减压原理，抽出鹿茸内多余血液，以缩短水煮排血时间。与减压泵相配套的物品还有减压瓶、橡胶管、橡胶漏斗。

气筒：即自行车打气筒，在压力胶管前安装上注射针头即可。

注水排血设备：即用细胶管一端安装注射用的12号针头，另一端连接在自来水龙头上。因此种排血法使茸内水溶性物质损失严重，应限制使用。

(5)封血设备

烙铁：用长15厘米、宽10厘米、厚1～2厘米的铁板，焊一铁柄而成。

电吹风：即理发用的电吹风器。

电炉：在1 000千瓦电炉上放一薄铁板，铁板烧红大约是1 500℃即可。

(6)其他设备用品　其他设备有锯茸茸夹，砍茸茸夹，修整鹿茸的尖刃刀、双刃刀、斜刃刀、单刃刀、骨凿、骨刮、茸钎子、缝衣针、棉线、面粉、鸡茸、50～100℃的温度计。

2. 排血茸的加工

(1)排血　排血是加工的首要步骤。目前鹿茸排血主要是用真空泵减压排血。

真空泵排血操作步骤：首先检查真空泵及排血设备，要求机械正常，真空度良好；然后操作人员一手握茸体，一手把抽血漏斗扣在锯口上，压紧接触部位。当吸滤瓶出现负压时，茸内的血液便被吸入瓶内，当血液出现泡沫时，可松开漏斗放入空气。如此反复数次。当血液断流或抽出泡沫时，即可停止。还可用减压泵循环排血，即在减压泵的排气孔上接一条50～60厘米长的胶管，管端带一个14号或16号注射针头，将针头刺入茸尖髓质部，再从锯口处用漏斗抽血，这样可加快排血速度。

排血量：由于鹿茸种类、老嫩程度以及收茸后茸血流失情况不同，其含血量差异很大，一般梅花鹿二杠锯茸抽血量为茸重的6%～8%，三叉锯茸为

7%～9%；马鹿以8%～10%较为适宜。在实际工作中主要观察血的流速和茸的颜色变化灵活掌握。

（2）煮炸加工　煮炸时间：收茸后第一天的煮炸称为第一水，按每一水间歇冷凉的先后，可分为第一排水和第二排水，每排水按入水次数又可分为若干次入水，如第一排水的第一次入水、第二次入水等。

煮炸时间最为关键，也最难掌握，因鹿的种类不同、鹿茸的大小和肥瘦不同，水煮的次数和时间也不一样。一般来说马鹿茸比梅花鹿茸耐煮，时间要长一些。在同种规格鹿茸中，粗大的比细小的煮炸时间长。具体的煮炸时间、次数可参考表46。

表46　排血茸煮炸时间、次数

茸别	鲜茸重（千克）	第一排水		间歇冷凉（分）	第二排水	
		下水次数	每次时间(秒)		下水次数	每次时间(秒)
花二杠锯茸	1.5以上	12～15	35～45	20～25	9～11	30～40
	1.0～1.5	9～12	25～35	15～20	7～9	20～30
	1.0以下	6～9	15～25	10～15	5～7	10～20
花三叉锯茸	3.5以上	13～15	40～50	25～30	11～14	45～50
	2.5～3.5	11～13	35～40	20～25	8～11	35～40
	2.5以下	7～10	30～35	15～20	5～8	25～35
马鹿锯茸	4.0以上	14～17	50～60	30～35	12～15	50～60
	2.5～4.0	11～14	40～50	25～30	9～12	40～50
	2.5以下	8～11	35～40	20～25	6～9	30～40

煮炸方法：首先将鹿茸慢慢放入沸水锅中，只露锯口烫5～10秒，然后取出仔细检查，如有暗伤或虎口封闭不严，都应即时敷上茸清面，下水片刻使其封闭，防止在煮炸中破裂。然后才正式进行第一排水煮炸。在进行第一排水煮炸时，开始1～5次下水，应循序渐进，逐渐增加煮炸时间，同时应先将茸头及茸干的上半部放入水中，并不断在水中做推拉动作和搅动水2～3次，以促进皮血排出，随后再将鹿茸继续往下伸到茸根，在水中轻轻地做画圈或推拉运动，但注意绝对不要将锯口浸入水中。到第4次和第5次下水时，由于茸皮紧缩，茸体内受热，血液开始从锯口排出。锯口露在水面外，温度较低，容易

形成血栓，因此应用长针不断地排锯口上的血栓，再用毛刷蘸温水刷洗锯口，用长针从锯口向茸髓部深刺几针，以利于排血。当茸内血液已基本排完，出现血沫，茸头变得富有弹性，茸毛矗立，并散出熟茸黄的香味时，则可结束第一排煮炸，让鹿茸冷却。冷却 20 ～ 30 分，茸皮温度降至不烫手时，即可进行第二排煮炸。第二排煮炸的第一次入水煮炸时间和第一排的最后一次煮炸时间相同，但随后每次入水煮炸时间应逐渐缩短，并主要煮炸茸尖和主干上半部。眉枝和茸根应适当提出水面，减少煮炸次数，或者事先在眉枝尖上抹上茸清面。当锯口排出的泡沫逐渐减少，颜色由深变浅，继而出现白色泡沫时，说明茸内血液已排尽，可结束第一水煮炸工作。不过在结束前应将鹿茸全部浸入水中煮炸 10 秒左右，然后取出，剥去茸清面，用毛刷刷去茸皮上附着的油脂污物，再用柔软的布擦干，即可放入风干室中干燥。

第一水煮炸的注意事项：在整个煮炸过程中，水应一直保持沸腾状态，中途向锅内加水时，须沸腾后茸才能下锅煮炸；水要经常更换，保持清洁。随时去掉漂浮在水面上的血沫，经常用毛刷刷洗茸皮上附着的油污，保持水与茸体的清洁卫生，以增强鹿茸的渗透作用；每次入水深度应下到茸根，不然锯口离水面太高茸根不易煮熟，会使皮血在茸根淤积，出现黑根、生根现象；在煮炸过程中，特别是大排血以后，容易在上、下虎口两侧和主干弯曲处鼓皮（又叫暄皮）。如出现这种情况，可在主干上部垂直扎 2 ～ 3 针放气，或在鼓皮处上下边缘或一侧，用针平直扎入茸髓 1 厘米左右，茸内气体、组织液和血液即可由针孔排出。如果发生茸皮崩裂，应立即停止煮炸，用冷湿毛布按住破裂处，使之迅速冷却，然后用绷布缠好进行烘烤；在虎口、眉枝尖和破伤处抹茸清面时，厚薄要均匀，封闭完好，煮炸过程中应随时检查有无翘边和脱落现象。如有，应即时重抹。煮炸结束剥除茸清面时，动作要轻，以防粘掉茸皮。

（3）回水烘烤　鹿茸经过第一水煮之后，在第二至第四天继续煮炸称为回水。第二水（又称第一次回水）于第二天进行，第三天煮第三水，茸体基本半干。第四水可隔日或连日进行。每次回水后都要进行烘烤，以促进鹿茸的干燥。

第二水煮炸的操作过程和方法基本和第一水相同。第二水共煮炸两排，每排次数与煮炸时间可参照第一水酌减，应以煮透为原则。当锯口出现气泡时即可停煮。第二水煮炸动作要缓慢，在破伤、针刺处要涂上茸清面或干面，出现鼓气、脱皮，参照第一水中的相应处理方法。回水结束后，及时剥去茸清面，洗刷茸体，卸去茸尖，将鹿茸凉透送入烘箱中。在 65 ～ 70℃高温下，锯口朝下或立放，烘烤 30 ～ 50 分。如果茸皮出现小水珠时取出，擦净茸皮水分，送进风干室立放于台板上或茸尖朝上吊挂风干。

第三水煮炸不上架，用手拿着茸根下水煮炸。只煮一排水，每次下水 30 ～ 40 秒，下水深度为全茸的 2/3，茸根应少煮几次。入水次数应根据茸头变化情况而定。一般要求在茸尖由硬变软，再由软变为有弹性时，即可结束煮炸，擦干冷凉。第三水仍可能发生茸皮破裂（特别是眉枝），必须随时仔细检查处理。第三水煮炸后，烘烤同前，而后倒挂风干。

第四水煮炸部位主要是茸尖、嘴头、主干的上半部，煮炸时入水深度为全茸的 1/3 ～ 1/2。在第四水很少出现裂皮现象。因此，每次入水时间可适当延长，煮至茸头富有弹性时结束。然后在 70℃左右的温度下烘烤 60 分。

回水烘烤的注意事项：每次烘烤，必须使烘烤箱上升到要求的温度，并尽可能保持恒定。低温烘烤容易引起糟皮；温度过高，可造成茸内有效成分的活性降低；第二、第三水后烘烤时，仍有可能出现鼓皮，也可能出现皮下积液，应及时趁热排出。烘烤的时间应根据具体情况而定，烤透者可提前出箱；回水后的鹿茸在烤箱中放置以锯口向下为宜，这样放置可使茸内尚未排净的余血流出；在烘箱中放鹿茸时要立得牢，两支鹿茸间不能紧贴。检查与出箱时更须小心谨慎，不要互相碰撞损伤茸皮。

（4）风干和煮头　经过“四水”加工后的鹿茸，含水量比新鲜茸减少 50％以上，以后主要靠自然风干，适当进行煮头和烘烤。这个工序的最初 5 ～ 6 天要隔日煮 1 次茸头，烘烤 20 ～ 30 分。以后便可根据茸的干燥程度和气候变化情况不定期地煮头与烘烤。

煮头：因茸头肥嫩胶质多，干燥较慢，容易萎缩变形，以致造成空头或瘪头。通过水煮，可加速干燥，使其均匀收缩，保持原形，充实丰满。每次煮头都应煮透，下水时间和次数可不受限制，煮头后要进行短时间的倒挂烘烤。

风干：鹿茸经过水煮、烘烤之后，置于风干室任其自然干燥。一般采用锯口朝上的吊挂风干。每天要对风干鹿茸进行检查，对茸皮发黏、茸头变软的鹿茸要及时挑出进行回水或烘烤。阴雨季节要适当增加煮烤次数，防止糟皮。

（5）顶头和整形　二杠锯茸在煮头风干中，待茸类基本干燥时，把主干茸头和茸枝尖入水 1 ～ 2 厘米，稍煮片刻后，对着平滑墙壁或木桩上缓缓用力顶揉茸头。这个过程称为顶头。经过 2 ～ 3 次煮头、顶揉，最后使两个茸尖分别向虎口方向呈握拳状。梅花鹿三叉茸与马鹿茸不用进行顶头加工。

鹿茸经过加工，既要保持皮毛全美，茸毛鲜艳，又要适当调整形状。二杠锯茸从第四水开始，趁髓质部未完全干燥，富有弹性时，以虎口中心为定点，左右掰握眉枝固定呈“U”形。因暄皮、排气、抽液造成的空皮处，在茸体干燥后，用湿热毛巾闷软，垫棉团或纸团，以绷带用力缠压固定，使其复原，干后解去绷带。

3. 带血茸的加工

带血茸加工，既要保持茸内的血液，又要脱水干燥，脱水的关键在烘烤。所以俗话说：加工排血茸在水工，加工带血茸靠火(烘烤)工。但回水煮头仍不可忽视。

(1)煮炸　鹿茸经过封血等处理后，不用上夹，用布带系在虎口主干部，手提着水煮即可。第一水的水煮时间比排血茸短，次数少，煮透即可。目的是使茸皮急骤收缩，压迫皮血管排出皮血，使茸色鲜艳。水煮时不必如排血茸那样带水，只要有规律地前后推拉或左右晃动，稍稍晃动或不动即可。

梅花鹿二杠锯茸水煮时间：梅花鹿二杠锯茸水煮一排水，共 2 ～ 3 次，第一次水煮 50 ～ 60 秒，间歇后再水煮 50 ～ 60 秒，见锯口中心将要流出血液即可结束水煮。

梅花鹿三叉锯茸水煮时间：梅花鹿三叉锯茸(包括畸形茸)一般也水煮一排水。首先水煮 10 ～ 20 秒，检查是否有暗伤并采取相应处理。之后，每次下水 60 ～ 80 秒，间歇冷凉后再下水，连续 3 ～ 4 次，这时由锯口中心流出血液即可结束水煮。因水煮次数少，时间短，所以不会破皮。

马鹿茸水煮时间：马鹿茸比梅花鹿茸体大，抗水力强，不论马鹿茸三叉茸还是四叉茸，均首先水煮 10 ～ 20 秒，检查是否有暗伤并采取适当处理之后，每次水煮 60 ～ 80 秒，冷凉后再下水，连续 3 ～ 4 次，见锯口中心流出血即可结束水煮，准备烘烤。

(2)回水与煮头　带血茸回水与排血一样，1 ～ 3 水需连日进行，不过带血茸回水技术比排血茸难度大，要求勤水煮、勤检查、勤冷凉，直至茸毛耸立，茸头有弹性，有熟茸黄香味为止，然后准备烘烤。

(3)烘烤　带血茸的脱水主要靠烘烤，1 ～ 4 水每天烘烤 1 ～ 2 次。即每次水煮结束擦干即可烘烤，温度 70 ～ 75℃，时间 2 ～ 3 小时，每次烘烤结束，擦去油脂冷凉，送入风干室。

带血茸在烘烤过程中，由于鹿茸中水分内扩散能力大于外扩散能力，水汽沉积于茸皮下，易造成鼓皮。所以要经常观察和检查，一旦发现鼓皮，应立即针刺放出气体和液体，待鹿茸冷凉后在鼓皮处垫上纸，用绷带轻轻缠压，然后继续烘烤。

（4）风干　带血茸风干技术同排血茸，只是头两天应平放，两天之后再挂放，见图 54。

图 54　鹿茸风干

4. 砍头茸的加工

（1）头部整修　把砍头茸送入加工室后，首先在鼻镜上缘把皮肤横向切开，由上耳向耳根呈圆形剥下耳皮至下颌骨边缘。再由口角沿下颌骨两侧边缘切至颈部，然后剥皮。剥皮时切忌描刀和带肉，切勿伤茸皮，将头部的肌肉、眼球剜出剔净。用骨锯从鼻骨 1/2 处锯断，去掉整个下颌骨及上颌齿槽、鼻甲介骨。在犁骨后凿一个长 6 厘米、宽 3 厘米的长方形洞，将脑髓取出，刮净脑膜。头骨和头皮的排血孔要除净残肉，以利于排血。

（2）排血

1）减压排血　砍头茸一般采用减压泵减压排血。将减压泵上抽血胶管末端的漏斗去掉，换上一根长 13 ～ 15 厘米的玻璃管，管头套上 2 ～ 3 厘米长的软胶管，比原管头长出少许。减压泵起动后，先将头皮掀起，露出头骨，操作人员用手指轻压茸尖，观察两侧颞骨缝和眶上孔出血点是否通畅。然后，用左手固定头皮和鹿茸，右手持玻璃管，将管头对准出血点压实，便可抽出血液。

2）加压排血　对砍头茸用气管注气排血，比减压泵更为简单适用，排血量也较高。排血应在收茸后马上进行，效果较好。砍头茸加压排血比减压排血效果好。

（3）煮炸与回水　撑开砍茸夹从头骨两侧插入砍头茸，用细绳在枕骨和眼眶处捆绑固定。固定方法是：把头皮掀起，剥开，将茸夹沿头骨两侧插入，用绷带在枕骨及眼眶骨处捆绑固定。在煮炸前先用温水洗刷茸体上的污物，再用沸水对茸的外、内、背三侧浇烫，每支茸浇 25 ～ 30 瓢水，然后检查茸皮，如发现伤痕及时涂茸清面。

1）第一水煮炸　第一水煮三排，头排煮茸体，主要是排皮血、浓血及大血；第二排也煮茸体；第三排煮炸头皮和头骨。根据砍头茸的种类、大小和老嫩程度不同，灵活掌握下水的时间和次数。砍头茸的煮炸时间、次数参考表 47。

表 47　砍头茸煮炸的时间、次数

茸别	鲜茸重（千克）	第一排水		间歇冷凉（分）	第二排水		间歇冷凉（分）	第三排水	
		下水次数	每次时间（秒）		下水次数	每次时间（秒）		下水次数	每次时间（秒）
花二杠砍茸	1.65 ~ 2.05	8 ~ 12	30 ~ 40	15 ~ 20	7 ~ 9	30 ~ 35	15 ~ 20	4 ~ 6	15 ~ 20
	1.65 以下	6 ~ 8	20 ~ 30	10 ~ 15	5 ~ 7	20 ~ 25	10 ~ 15	3 ~ 5	10 ~ 15
花三叉砍茸	4.00 ~ 5.00	13 ~ 15	40 ~ 50	25 ~ 30	10 ~ 12	45 ~ 50	15 ~ 20	5 ~ 7	25 ~ 30
	3.00 ~ 4.00	10 ~ 13	30 ~ 40	20 ~ 25	8 ~ 10	30 ~ 40	10 ~ 15	4 ~ 6	15 ~ 20
马鹿砍茸	4.50 ~ 5.50	16 ~ 18	50 ~ 60	25 ~ 30	14 ~ 16	45 ~ 55	20 ~ 25	6 ~ 8	25 ~ 30
	3.50 ~ 4.50	14 ~ 16	40 ~ 50	20 ~ 25	12 ~ 14	35 ~ 45	15 ~ 20	5 ~ 7	15 ~ 20

第一排水，煮炸砍头茸有单支下水和双支齐下水 2 种方法，若技术熟练，双支齐下水比较好。开始是以茸体浸入沸水 2 ～ 3 次，提出片刻，再由浅入深下水煮炸，煮炸中频繁地摆动茸体，脑壳里不要灌入沸水，防止血凝堵塞排血通道。为了防止嘴头瘀血，色泽乌暗，可适当提根煮头，撞水。如两支茸排血不匀，应通过单支下水进行调整。出水动作要轻，不要过猛冲撞沸水。煮至脑

壳里排血孔出现红色血沫，用温水刷脑壳，结束第一排水煮炸，间歇冷凉。

第二排也煮炸茸体，动作要稳，单支入水后，在水中进行画圈运动，脑壳里的血眼无血沫时结束煮炸。刷净茸体上的污物，擦干，冷却后卸下茸夹。

第三排为煮炸头皮和头骨阶段，在锅上横放一条宽 15 ～ 20 厘米带孔的木板，一人把茸固定在木板上，另一人从茸的背侧、内侧和外侧浇水烫茸根及茸桩，每支浇 15 ～ 20 瓢，同时浇烫头皮内面。当头皮收缩变硬时，再手握茸体将头皮和头骨全部入水煮炸，入水 5 ～ 8 次，深度达到茸根，每次 15 ～ 30 秒，煮至头皮弹性较强时结束。头皮煮炸要适宜，过轻难以干燥，易腐败，过老容易胶化，造成底漏和脱皮。煮干后马上拭干头皮上的水分，特别是角根和皮皱内一定要擦得彻底，用竹筷穿过两角根，将头皮挑起以利于通风。置于风干室，从眼眶骨中间穿一根铁棒固定风干。

2）第二水煮炸与烘烤　第二水煮炸与烘烤是在第二天进行的，其目的是继续排除茸体内的残存血液。煮炸程序与第一水基本相同，一般煮两排，只煮茸体，不再煮头皮和头骨。下水次数和时间比第一水适当减少。上夹时不要碰破茸和头皮，也可不上架，用手握枕骨和犁骨孔下水。煮炸时要多提茸根煮头，但茸根也要煮透。煮炸结束后擦掉茸体及头皮上的水分，在 65℃左右的烘烤箱中烘烤 20 ～ 30 分。取出放凉后，在头皮与头骨间撒上熟石灰粉，置于风干室侧挂或直立风干。

3）第三水的加工　第三水加工在第三天进行。先清除石灰，然后入水煮炸，煮至茸头有弹性为止。在煮炸过程中注意头皮不要进水，下水深度到茸桩，结束后擦干茸体上的水分。冷凉后在 65 ～ 75℃的烘烤箱内烘烤 40 ～ 60 分，取出后冷凉，在头皮内撒上熟石灰粉，吊挂风干。

从三水后，逐渐剔净头骨上的残肉，根据情况及时回水煮头。5 ～ 7 天后，头皮八成干时，用绳把头皮系紧，贴在头骨上，保持形态美观。

（二）真空冷冻干燥加工

真空冷冻干燥又称冷冻升华干燥。这种加工方式能够保持鹿茸最佳形状与色泽，同时不损害鹿茸成分。但是由于设备成本高和耗能大等问题，目前尚未被广泛采用。

1. 仪器

真空冷冻干燥设备，应严格按照操作说明进行仪器操作。

2. 干燥方法

水煮：鹿茸收获后，常规处理水煮 2 ～ 3 次，冷凉至常温。目的是使茸皮变性固缩，不然减压后茸皮会膨胀。

将冷冻干燥箱预冷达－ 30 ～－ 25℃后，将鹿茸放入其内，开始抽真空，30 ～ 40 小时后，鹿茸可达到干燥标准。然后煮鹿头 2 ～ 3 次即可刷洗装箱。

真空冷冻干燥鹿茸的真空度不能太高，如达到 6.7 帕，1 小时可出现茸皮内裂纹，这是由于水分子的外扩散能力大于内扩散能力的缘故。

七、检验鉴定

（一）鹿茸的鉴定方法

随着鹿茸的广泛应用，经营鹿茸的商家也呈增多的趋势，在鹿茸产品的市场上良莠不齐、以次充好、以假充真的现象到处可见，因此鹿茸的质量鉴定是保证鹿茸质量和消费者权益的必要手段。鹿茸的鉴别方法可以分为以下几个方面：

1. 性状感官鉴别

性状特征是鹿茸经验鉴别的主要依据，下面主要介绍一下梅花鹿茸、马鹿茸的主要性状特征。鹿茸性状特征的描述与其外部形态及名称是密不可分的，梅花鹿茸等鹿茸药材外形简图及名称见图 55。

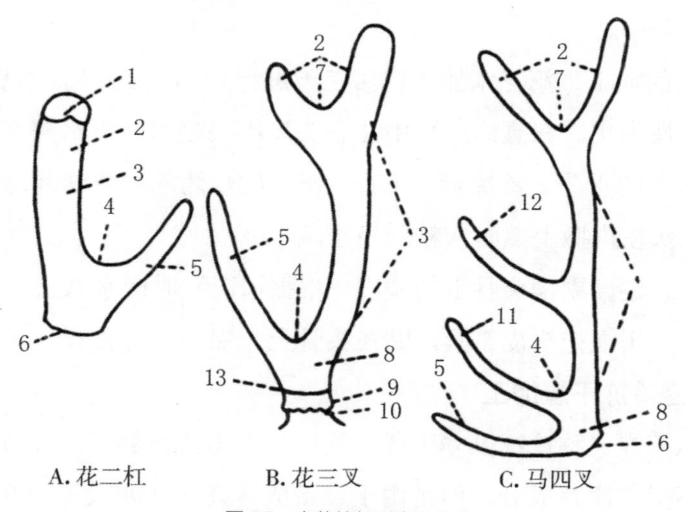

图 55　鹿茸外部形态及名称

1. 茸顶（猫爪）　2. 嘴头　3. 主干“主枝”　4. 大虎口　5. 第一侧枝（眉枝，门庄）
6. 锯口　7. 小虎口　8. 茸根　9. 角盘（珍珠盘、磨盘蹬）　10. 角基（草桩）
11. 第二侧枝（二眉枝、二门庄）　12. 第三侧枝　13. 锯茸部位

鉴定人员通过眼看、耳听、手摸和鼻嗅等方法对鹿茸进行感官鉴定，具体方法如下：

眼看：就是用眼睛直接观察鹿茸的形状、色泽等，如砍茸左、右枝是否对称，各枝长短、粗细是否协调，茸皮是否完整，色泽是否鲜艳。

手摸：是凭触觉鉴定鹿茸，不占主要地位，主要是感觉鹿茸的干燥程度，估测其含水量，掂量其大概重量。

耳听：听鹿茸加工后相撞击的声音，如清脆，则说明含水量少，干燥程度高；如声音发“闷”，说明其干燥程度差。

鼻嗅：靠嗅觉鉴定鹿茸是否腐败，如有臭味，说明腐败。

上述传统的经验鉴别法，是一种感观分析的科学方法，是一套宝贵的经验总结，但难免有其局限性。随着科学技术的发展，应采用现代的科学方法，使鹿茸的质量鉴定有新的发展。

2. 理化鉴别

理化鉴别即是应用氨基酸、多肽和蛋白的显色反应。此法在《中华人民共和国药典》上有收录。方法如下：称取鹿茸粉末 0.1 克，加水 4 毫升置水浴中加热 15 分，放冷过滤。取滤液 1 毫升，加 2%茚三酮溶液 3 滴，摇匀，加热煮沸数分钟观察，正品呈蓝紫色；另取滤液 1 毫升，加 10%氢氧化钠溶液 2 滴，摇匀，滴加 0.5%硫酸铜溶液观察，正品显蓝紫色。

3. 紫外鉴别

鹿茸的紫外鉴别法，即把鹿茸粉用 60%的乙醇溶液加热回流提取 6 小时，放冷过滤，100℃下冷藏 24 小时过滤，滤液用 95%乙醇沉淀蛋白，除去沉淀，浓缩成浸膏状，用蒸馏水溶解，摇匀，以蒸馏水作为空白上紫外分光光度计于 200 ～ 300 纳米处测定吸收曲线，正品在 252 ～ 256 纳米处有最大吸收峰。

4. 薄层鉴别

薄层鉴别法在《中华人民共和国药典》有收录，方法为：称取鹿茸粉末 0.4 克，加 70%乙醇 5 毫升，超声波震荡提取 15 分，过滤，取滤液 10 微升点于硅胶薄层板上，以鹿茸正品和甘氨酸为对照品，用正丁醇、冰醋酸、水（3 ∶ 1 ∶ 1）展开，晾干后喷 2%茚三酮丙酮溶液，于 105℃加热数分钟显色，观察斑点情况。与对照品和标品显示的斑点相同，则为正品。

5. 显微鉴别

鹿茸显微特征见表 48。

表 48　鹿茸横切面组织主要显微特征

项目	梅花鹿茸（三叉）	东北马鹿茸	驯鹿茸
茸皮	呈波状或平滑	呈波状或高低	高低起伏状
茸毛	较稀少	较多	厚，较多
乳头层	微呈齿状，平缓	乳状，平缓	略呈指状，平缓
皮脂腺	较多，且多个相聚	较少，散在	较多而小
网状层	外侧疏松，内侧分布	内侧分布较多环	致密，内侧或中部
血管	较多环状排列的血管大小型血管呈扁	状排列的血管大型动脉血管腔	具大型动脉血管大型动脉血管扁椭
梭形细胞层	椭圆形较疏松	长扁椭圆形组织结构致密	圆或梭形、哑铃形不明显
骨小梁	较细窄	较密，中心部呈粗而疏松的网状	呈致密的网状
骨陷窝	较少	较少	较少

除上述方法外，近年来也有学者尝试了分子生物学鉴别法、热分析技术、红外光谱鉴别、X 衍射 Fourier 谱鉴别和指纹图谱等的研究，期待有成形的方法可用于鹿茸的鉴定。

（二）鹿茸规格标准

鹿茸分二杠、三叉等规格（图 56），其分等方法可参照中华人民共和国国家标准“鹿茸加工方法和品质鉴定”。

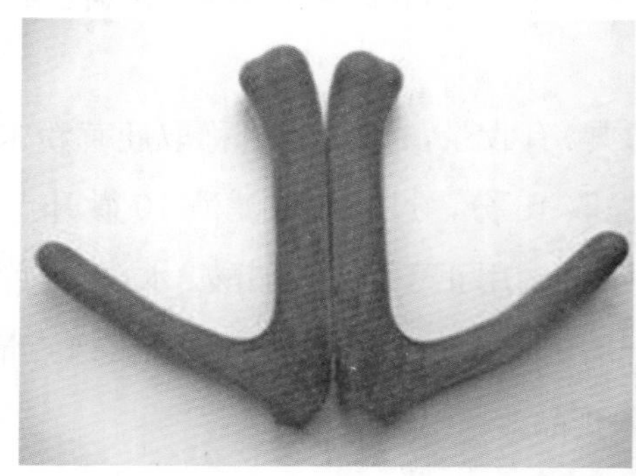

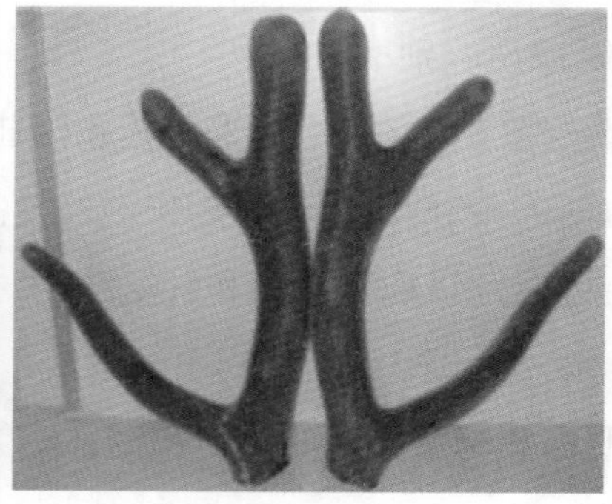

图 56　梅花鹿茸（左为二杠茸，右为三叉茸）

1. 梅花鹿二杠锯茸等级

可分为 4 个等级：

一等：干品含水量不超过 18%，不臭，无虫蛀，加工不乌皮、不暄皮、不破皮，主干无折痕，眉枝折痕不超过一处，锯口有孔隙，有正常典型分枝，眉枝与主干比例对称，粗圆壮嫩，每支重 100 克以上。

二等：干品含水量不超过 18%，不臭，无虫蛀，加工不乌皮、不暄皮，主干破皮不露骨组织，主干无折痕，不拧嘴，锯口有孔隙，分枝正常，主干与眉枝比例适当，虎口以下允许有小骨疸、棱，每支重 65 克以上。

三等：干品含水量不超过 18%，不臭，无虫蛀，有暄皮，不乌皮，破皮不露骨组织，枝叉瘦小，不拧嘴，锯口有正常孔隙，虎口以下有棱、疸，每支重 45 克以上。

四等：干品含水量不超过 18%，不臭，无虫蛀，不符合一、二、三等者均为四等。

2. 梅花鹿三叉锯茸等级

可分为 4 个等级：

一等：干品含水量不超过 18%，不臭，无虫蛀，加工不乌皮、不暄皮、不破皮，茸头丰满，不拧嘴，主干嘴头无折痕，有正常典型的分枝，短粗，肥嫩，排血茸纵剖面上 1/3 呈类白色，每支重不低于 400 克。带血茸血分布均匀，纵剖面为暗红色，每支重不低于 450 克。

二等：干品含水量不超过 18%，不臭，无虫蛀，加工不乌皮，不暄皮，不破皮，茸头较丰满，锯口有蜂窝状孔隙，不拧嘴，主干嘴头无存折痕，有正常的分枝，粗短肥嫩，每支重 350 克以上。

三等：干品含水量不超过 18%，不臭，无虫蛀，加工有暄皮、乌皮，破皮不露骨组织，折痕不超过 2 处，不畸形，无眉枝，每支重 200 克以上。

四等：干品含水量不超过 18%，不臭，无虫蛀，不符合一、二、三等茸要求者均为四等茸。

3. 梅花鹿二杠砍茸等级

梅花鹿二杠砍茸不分等级，以估重（底）论价。要求干品，不臭，无虫蛀，加工不暄皮、不破皮、不底漏。无黑根，不空头，茸体粗圆肥嫩，左右枝、眉枝与主干比例对称，结构匀称，主干圆，不拧嘴，嘴头丰满，头骨洁白，后头皮与枕骨沿齐，每架估重 5 个底，合干茸重 250 克以上。

4. 梅花鹿三叉砍茸等级

可分 3 个等级：

特等：干品，不臭，无虫蛀，加工不暄皮、不破皮、不黑根、不拧嘴、不底漏，无折痕，细毛红底，粗壮肥嫩，结构均匀，主干圆，嘴头丰满，疣状突起不超过主干下 1/3，头骨洁白，无残肉，后头皮与枕骨后沿齐，每架 1 750 克以上。

一等：干品，不臭，无虫蛀，加工不暄皮、不破皮、不黑根、不拧嘴、无折痕，粗壮肥嫩，头骨洁白，无残肉，后头皮与枕骨沿齐，每架重 1 200 克以上。

二等：干品，不臭，无虫蛀，加工不暄皮、不破皮、不黑根、不拧嘴、无折痕、不底漏，疣状突起不超过主干 1/2，粗壮肥嫩，结构匀称，主干圆，嘴头丰满，头骨洁白，无残肉，后头皮与枕骨后沿齐，每架重 1 000 克以上。

5. 梅花鹿初角茸与再生茸等级

梅花鹿初角茸不分等，要求干品，不臭，无虫蛀，以骨化程度轻者佳。

梅花鹿再生茸不分等，要求纯干，不臭，无虫蛀，不脱皮，以骨化程度轻者为佳。

6. 马鹿锯茸等级（图 57）

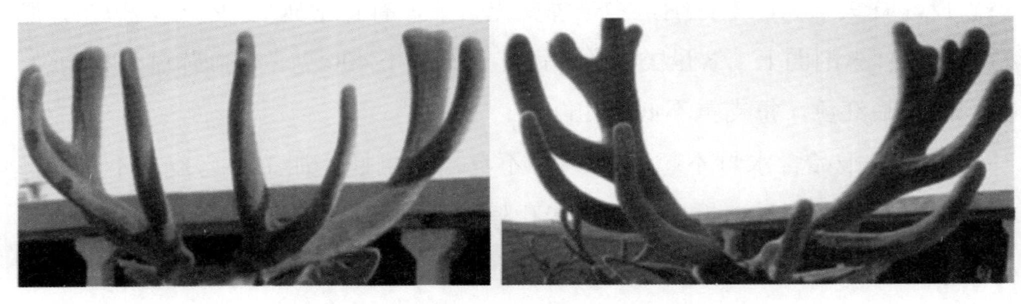

图 57　马鹿茸（左为三叉茸，右为四叉茸）

马鹿锯三叉茸分 4 个等级：

一等：干品含水量不超过 18%，不臭，无虫蛀，加工不破皮、不暄皮、不生干、不空头、不瘪头，主干肥嫩的三叉茸或肥嫩上冲的莲花茸，不拉沟，无折痕，带血茸剖面深红色，含血均匀，每支重 1 000 克以上。

二等：干品含水量不超过 18%，不臭，无虫蛀，加工不破皮、不生干、不空头、不瘪头。主干圆嫩的四岔，人字角，不拉沟，无存折，带血茸剖面深红色，血液分布均匀，每支重 700 克以上。

三等：干品含水量不超过18%，不臭，无虫蛀，加工不破皮，不生干，无折痕，不够一、二等的莲花，三岔、四岔茸均为三等，每支重250克以上。

四等：干品，不臭，无虫蛀，不符合一、二、三等要求的均为四等茸。

Ⅱ 鹿　　肉

一、鹿肉的营养成分

表49　鹿肉与其他肉类化学成分比较（%）

类别	水分	蛋白质	脂肪	碳水化合物	矿物质
马鹿肉	76.02	19.54	2.50	0.79	1.15
驯鹿肉	67.07	19.96	10.5	0.67	1.15
驼鹿肉	75.0	20.00	2.50	1.48	1.10
牛肉	57.03	17.70	20.33	4.06	0.88
鹿肉	50.65	13.32	34.65	0.65	0.73
猪肉	29.30	9.45	59.80	0.95	0.50
鸡肉	74.46	23.30	1.22	—	1.02
鸭肉	80.13	13.05	5.98	0.13	0.71
鹅肉	77.10	10.80	11.20	—	0.90
兔肉	72.13	22.68	3.88	0.17	1.14

（赵殿生，1986）

从表49可以看出，鹿肉以高蛋白和低脂肪含量为特征。鹿肉的蛋白质含量21.9%～22.6%，仅次于鸡肉、兔肉，而超过牛肉、鹅肉、鸭肉。鹿肉中蛋白质含量为18%～21%，而鹿肉酶水解液中蛋白质含量为83.28%，是鹿肉蛋白质含量的4倍多，检测出的17种氨基酸，其游离氨基酸含量为48.79

毫克/克，其中精氨酸含量最高，达到14.64毫克/克。酶法水解蛋白质对氨基酸没有破坏作用，但一种酶只能使其发生部分水解。鹿肉中的精氨酸含量较高。精氨酸参与氨基酸代谢并在免疫系统中发挥重要作用。鹿肽类能增加红细胞、血红素及网状红细胞生成，增加机体免疫力，促进机体新陈代谢再生过程，提高机体抗疲劳能力。

鹿肉的脂肪含量、脂肪酸、胆固醇比牛肉、猪肉的含量均低，发热量为上述肉类之最低者。脂类1.2%～3.1%，钠和磷的含量较高，铁、钙、镁、锌、铜和锰含量较低。中性脂和磷脂部分占总磷脂分别为78.8%和14.8%。在磷脂部分发现了含量较高的不饱和脂肪酸，公、母鹿肉营养成分差异不显著。

表50 梅花鹿肉酶水解液中氨基酸含量（毫克/克）

名称	含量	名称	含量	名称	含量	名称	含量
天冬氨酸	3.07	组氨酸	0.95	脯氨酸	2.08	蛋氨酸	1.10
丝氨酸	0.10	精氨酸	14.64	半胱氨酸	0.15	赖氨酸	5.93
谷氨酸	5.10	苏氨酸	0.56	酪氨酸	0.66	异亮氨酸	1.15
甘氨酸	1.21	丙氨酸	3.13	缬氨酸	2.21	亮氨酸	5.33
苯丙氨酸	1.21						

（董万超，1999）

鹿肉中含有大量有机酸、游离脂肪酸，如硬脂酸、亚麻酸、亚油酸和油酸等；富含多种酶类，尤以超氧化物歧化酶（主要是Cu-SOD、Zn-SOD）、谷胱甘肽氧化酶和脱氢酶的含量较高，见表50。此外，还含有糖脂类、固醇类、磷脂类等；生理活性物质如肾上腺素、血睾酮、雌酮、雌二酮等，以及各种嘌呤碱等；灰分占3%～4%；维生素含量丰富；鹿肉中还富含大量矿物质元素。

甘肃马鹿水分含量为72.88%，蛋白质27.49%，脂肪2.13%，灰分1.09%；铁4.96毫克/100克，锌0.84毫克/100克，铜0.199毫克/100克，硒1.22微克/100克，磷15.72毫克/100克；总氨基酸含量为81.08克/100克，必需氨基酸占总氨基酸的38.87%；雌二醇157.88皮克/毫升，睾酮0.78纳克/毫升，生长激素0.76纳克/毫升。甘肃马鹿肉（图58）具有高蛋白、低脂肪、矿物质丰富、氨基酸含量全面等特点，并含有一定量的活性物质，对人体有较高的营养和滋补价值，是优质的动物性食品资源。

图 58　鹿肉

二、鹿肉的功效

我国传统中医学认为，鹿肉“主阳痿、补虚、止腰疼、鼻衄、折伤、狂犬伤，久服治肺痿吐血、崩中带下。诸气痛欲危者饮之立愈，大补虚损，益精血，解痘毒、药毒”等功效。鹿肉药用首见《名医别录》。华佗云：“中风口偏者，以生鹿肉同椒捣贴，正即除之。”《本草纲目》记载：“鹿肉味甘，温，无毒。补虚羸，益气力，强五脏，调血脉，养血生容。”“鹿之一身皆益于人，或煮，或蒸，或脯，同酒食良之，大抵鹿为仙兽，纯阳多寿之物，能通督脉，又食良草，故其肉角有益无损。”《医林纂要》记载：“补脾胃，益气血，补助命火，壮阳益精，暖腰脊。”鹿肉的主要功能为补脾胃、益气血，助肾阳、填精髓、暖腰脊，补五脏，调血脉。不同部位的鹿肉也分别有着不同的功能效用，如鹿头肉的主要功能为补益精气，用于治疗消渴、虚劳、夜梦等症。鹿蹄肉具有治脚膝骨疼痛、不能践地的作用。民间也流传不少用鹿肉治病的验方，如治产后无乳。鹿头肉主治消渴、夜梦鬼物。鹿蹄肉主治诸风、脚膝骨中疼痛。现代一些中药也有与鹿肉配伍，如全鹿大补丸、龟鹿补丸、鹿丽素、鹿胎丸等。鹿肉具有养血生肌之功效，是冬季进补、御寒之佳品。

现代医学临床研究表明，鹿产品还具有治心悸、失眠、健忘、风湿和类风湿等功效。鹿肉高蛋白、低脂肪、低胆固醇的特点，不仅对人体的神经系统、血液循环系统都有良好的改善调节作用，而且还有养肝补血、降低胆固醇、防治心血管疾病、抗癌的功效，是天然的纯绿色食品。鹿肉的加工方式与牛、羊肉类几乎相同，药用可润五脏，调血脂。内服食，煎汤或熬，外用捣敷。鹿肉是补虚劳羸瘦、产后无乳、壮阳益精的佳品。鹿肉中肽类不仅能增加红细胞、血红素及网状红细胞生成，增加机体免疫力，还能促进机体新陈代谢再生过程，提高机体抗疲劳的能力。

三、鹿屠宰加工工艺

目前还没有鹿屠宰加工生产工艺，可以参用牛、羊自动化屠宰加工工艺设备。

（一）鹿屠宰加工工艺流程

活鹿进待宰圈

↓

停食饮水静养 12 ～ 24 小时

↓

拴住鹿的后腿提升→刺杀→沥血（沥血时间 5 ～ 10 分）→收集鹿血、保存、待加工

↓

去鹿头→收集、保存、待加工

↓

后腿预剥→去后肢→收集、保存、待加工

↓

前腿和胸部预剥→脱肩→扯皮→鹿皮入皮张暂存间

↓

去前肢→收集、保存、待加工

↓

封肛

↓

开胸

↓

取白内脏（白内脏放在同步卫检线的托盘内待检验）→合格的白内脏进入白内脏加工间内处理→胃容物通过风送系统输送到车间外约 50 米处的废弃物暂存间

↓

取红内脏（红内脏挂在同步卫检线的挂钩上待检验）→合格的红内脏进入红内脏加工间内处理

↓

胴体（同步卫检检验）→不合格的胴体、红白内脏拉出屠宰车间高温处理

↓

胴体修割

↓

胴体称重

↓

胴体冲淋

↓

排酸（0 ～ 4℃）

剔骨

↓

分割整理包装

↓

速冻或冰鲜处理

↓

脱盘装箱

↓

冷藏

↓

销售

（二）鹿屠宰加工工艺

1. 待宰圈管理

卸车前应索取产地野生动物驯养繁育加工经营许可证和动物防疫监督机构开具的合格证明，并临车观察，未见异常、证货相符后准予卸车。

经清点只数，驱赶健康的鹿进入待宰圈，按鹿的健康状况进行分圈管理。

待宰的鹿送宰前应停食静养 24 小时，以便消除运输途中的疲劳，恢复正常的生理状态。在静养期间检疫人员定时观察，发现可疑病鹿送隔离圈观察，

确定有病的鹿送急宰间处理。健康合格的鹿在宰前3小时停止饮水。

2. 刺杀放血

(1)卧式放血　用“V”形输送机将活鹿输送到屠宰车间，在输送机上输送的过程中用手麻电器将鹿击晕，然后在放血台上持刀刺杀放血。

(2)倒立放血　活鹿用放血吊链拴住后腿，通过提升机或鹿放血线的提升装置将鹿提升进入鹿放血自动输送线的轨道上再持刀刺杀放血。

鹿放血自动输送线轨道设计距车间的地坪高度3米左右，在鹿放血自动输送线上主要完成的工序：上挂、刺杀、沥血、去头等，沥血时间一般设计为5～15分。

3. 预剥扯皮

倒挂预剥：用鹿用叉挡将鹿的两后腿叉开，以便前腿、后腿和胸部的预剥。

平衡预剥：放血－预剥自动输送线的挂钩勾住鹿的后腿，扯皮自动输送线的挂钩勾住鹿的两前腿，这两条自动线的速度是同步前进的，鹿的腹部朝上，背部朝下，平衡前进，在输送的过程中进行预剥皮。这种预剥的方式可有效地控制在预剥过程中鹿毛粘在胴体上。

用鹿用扯皮机的夹皮装置夹住鹿皮，从鹿的后腿往前腿方向扯下整张鹿皮，根据屠宰的工艺，也可从鹿的前腿往后腿方向扯下整张鹿皮。

将扯下的鹿皮通过鹿皮输送机或鹿皮风送系统输送到鹿皮暂存间内。

4. 胴体加工

胴体加工工位：开胸、取白内脏、取红内脏、胴体检验、胴体修割等，都是在胴体自动加工输送线上完成的。打开鹿的胸腔后，从鹿的胸膛内取下白内脏，即肠、肚。把取出的白内脏放入同步卫检线的托盘内待检验。取出红内脏，即心、肝、肺。把取出的红内脏挂在同步卫检线的挂钩上待检验。鹿胴体进行修整，修整后进入轨道电子秤进行胴体的称重。根据称重的结果进行分级盖章。

5. 同步卫检

鹿胴体、白内脏、红内脏通过同步卫检线输送到检验区采样检验。检验不合格的可疑病胴体、内脏，通过道岔进入可疑病胴体轨道，进行复检，确定有病的胴体进入病体轨道线，取下有病胴体放入封闭的车内拉出屠宰车间处理。同步卫检线上的红内脏挂钩和白内脏托盘自动通过冷—热—冷水的清洗和消毒。

6. 副产品加工

合格的白内脏通过白内脏滑槽进入白内脏加工间，将肚和肠内的胃容物倒入风送罐内，充入压缩空气将胃容物通过风送管道输送到屠宰车间外约 50 米处，鹿肚有洗鹿肚机进行烫洗。将清洗后的肠、肚整理包装入冷藏库或保鲜库。合格的红内脏通过红内脏滑槽进入红内脏加工间，将心、肝、肺清洗后，整理包装入冷藏库或保鲜库。

7. 胴体排酸

将修割、冲洗后的鹿胴体进排酸间进行“排酸”。排酸间的温度为 0 ～ 4℃，排酸时间不超过 16 小时。排酸轨道设计距排酸间地坪高度 2.2 ～ 3 米，轨道间距 0.6 ～ 0.8 米，排酸间每米轨道可挂 5 ～ 8 只鹿胴体。

8. 剔骨分割包装

吊剔骨：把排酸后鹿胴体推到剔骨区域，鹿胴体挂在生产线上，剔骨人员把切下的大块肉放在分割输送机上，自动传送给分割人员，再由分割人员分割成各个部位肉。

案板剔骨：排酸后鹿胴体推到剔骨区域，把鹿胴体从生产线上拿下放在案板上剔骨。

分割好的部位肉真空包装后，放入冷冻盘内用凉肉架车推到结冻库（－ 30℃）结冻或到成品冷却间（0 ～ 4℃）保鲜。

将结冻好的产品托盘后装箱，进冷藏库（－ 18℃）储存。

剔骨分割间温控：10 ～ 15℃，包装间温控：10℃以下。

四、鹿肉在僵直化过程中主要理化性能变化

鹿肉失水率变化：鹿肉失水率分别由屠宰后第一天的 6.02%，达到屠宰后第三天时最高值 14.25%，再从第四天开始逐渐下降。只是在整个僵直化过程中鹿肉保水性差，失水率高。鹿肉 pH 变化规律：屠宰后第一天 pH6.50，在屠宰后第四天时达到最低值 6.13，而从第五天开始又呈逐渐回升趋势。只是在整个僵直化过程中鹿肉 pH 较高。

游离羟脯氨酸含量变化：鹿肉宰后第一天游离羟脯氨酸含量 0.064 7 毫克 / 100 克，而屠宰后第四天时达到最高值 0.088 3 毫克 /100 克，而从第五天开始又逐渐呈下降趋势。只是鹿肉游离羟脯氨酸含量在整个僵直化过程中比较低。

巯基含量变化：鹿肉巯基含量分别由屠宰后第一天的 27.573 毫摩尔 / 毫

升，迅速下降至屠宰后第 5 天时基本消失。只是鹿肉巯基含量在整个僵直化过程中比较高。

游离氨基酸含量变化：鹿肉屠宰后第一天游离氨基酸含量 6.548 529 毫克 /100 克。在屠宰后第 4 天时达到最低值 3.929 3 毫克 /100 克，在第五天时开始逐渐回升。只是鹿肉游离氨基酸含量在整个僵直化过程中比较高。

糖原含量变化：鹿肉屠宰后第一天糖原含量 15.959 0 毫克 /100 克，且一直下降至屠宰后第五天时逐渐趋于平稳。只是鹿肉糖原含量在整个僵直化过程中稍低。

鹿肉不同部位对经过成熟处理鹿肉的主要化学成分和食用品质有一定的影响。成熟时间对不同部位鹿肉的水分含量、粗脂肪含量、剪切力值、解冻滴水损失和蒸煮损失有显著影响。不同品种对经过成熟处理的鹿肉的主要化学成分和食用品质有显著影响。

五、鹿肉鲜用

（一）脱腥

鹿肉具有较重的腥味，可采用洋葱、芹菜、枸杞、葱、蒜、环状糊精（β-CD）等原料进行处理，均有去腥效果。筛选出最佳配方：

洋葱汁、芹菜汁（各取 500 克加蒸馏水打浆后，过滤，取汁贮藏备用）量为 6 毫升处理鹿肉（25 克）时效果最好。β-CD 与其他材料混合使用的效果明显比单独使用好。

洋葱汁和枸杞汁（取 400 克加 40 毫升蒸馏水煮沸 10 分，过滤，取汁备用）6 毫升混合处理鹿肉，然后煮沸 30 分，去腥效果最好。

（二）腌制

鹿肉的腌制：在 4 ～ 6℃条件下，采用由亚硝酸钠 0.15%、异抗坏血酸钠 2.50%、三聚磷酸钠 0.40%、偏磷酸钠 0.40%组成腌制剂腌制处理。在 48 小时后，肉中的水分、水分活度、发色率与未腌制肉比较无显著差别；从卫生学的角度讲，在 24 ～ 48 小时时段是最佳的腌制时间。腌制能显著提高肉的保水力，缓解 pH 上升的幅度，主要是因为其中磷酸盐物质的综合作用；腌制能推迟肉的腐败变质，通过腌制处理的鹿肉，其一级新鲜度可延长 48 小时以上。

（三）嫩化

嫩度是指肉入口咀嚼（或切割）时对破坏的抵抗力，常指煮熟的肉类制品柔软、多汁和易于被嚼烂的程度，同结缔组织中纤维成分中经脯氨酸的含量有关。嫩化处理鹿肉就是通过物理和化学方法相结合，将肌原纤维分离，肌原纤维周围的肌质网状结构变松散，肌肉蛋白质形成的网状结构、单位空间及物理状态捕获水分的能力增强，保水性提高，将单位体积内的鹿肉组织中的羟脯氨酸含量降低，增加了肉的嫩度。

鹿肉嫩化处理方法：将处理好的鹿肉置于嫩化缸里，按原料肉添加0.45％～0.75％的中性木瓜蛋白酶，0.55％～0.75％的三聚磷酸钠，0.40％～0.60％的环状糊精（β-CD），同时调整原料的pH至6.2～6.5，在4～6℃下处理2～4小时。

（四）鹿肉熟制品

1. 大枣炖鹿肉

（1）原料　鹿肉1 000克，大枣12枚，酱油、料酒、姜片、花椒、精盐各适量。

（2）做法　鹿肉先用清水洗净，放沸水锅中焯去血水，切成重约50克的块。大枣洗净去核。将鹿肉下锅后，放入大枣以及适量清水、料酒、花椒、盐、姜片，鹿肉炖至八成熟，加酱油上色，再炖至熟烂为止。

2. 红烧鹿肉

（1）原料　鹿肉500克，玉兰片25克，葱、姜、鸡汤、酱油、花椒水、料酒、精盐、白糖、味精各适量。

（2）做法　将鹿肉洗净，略烫，切块；玉兰片泡发，切片。将菜油倒入铁锅内，烧热后放入鹿肉，炸至火红色时捞出。用葱、姜炸锅后，倒入适量鸡清汤、酱油、花椒水、料酒、精盐、白糖和味精，再下鹿肉，煮沸后用文火煨炖2～3小时，待鹿肉熟烂时再用武火煮沸，投入玉兰片，放入适量水豆粉勾芡，放入香油和香菜段后出锅。当菜食用。

3. 口蘑鹿肉

（1）原料　鹿肉1 000克，大枣12枚，酱油、姜片、花椒、精盐少许。

（2）做法　鹿肉用清水洗净肉污，放沸水锅焯去血水，捞出洗净，切约50克重的块。大枣洗净去核。将鹿肉下锅后，放入适量清水、料酒、大枣、花椒、盐、姜片，炖到鹿肉八成熟，加酱油上色，再炖到熟烂即成。

4. 五彩鹿肉丝

（1）原料　梅花鹿通肌肉200克，青椒丝、冬笋丝、香菇丝、火腿丝、茸皮丝各25克，鸡蛋清10克，淀粉10克，绍酒10克，味精5克，鸡油5克，花生油500克（耗油50克）。

（2）做法　选用梅花鹿的通肌肉，顺鹿肉横纹切成均匀的细丝，放入鸡蛋清、小苏打、淀粉浆好，炒锅烧热放油烧温，放入鹿肉丝过油滑透捞出。炒锅油热用葱、姜炝锅，放入鹿肉丝，加入切好的青椒丝、冬笋丝、香菇丝、火腿丝、茸皮丝，调入味精、绍酒、精盐等一起翻炒。待熟后淋上鸡油盛盘即可。

5. 八旗鹿肉

（1）原料　鹿肉600克，菜心、葱、姜、鸡精、精盐、生抽、味精、八角、料酒各少许。

（2）做法　锅内倒入开水，把洗好的鹿肉放入锅内煮开，除去血水。勺内放油烧热，用葱、姜炝锅，加入精盐、味精、料酒、生抽、鸡粉、肉料，然后把鹿肉下入汤内煮熟，把菜心垫底，煮好的鹿肉改成大片，加入葱、姜，蒸约15分，把菜心放入盘边，蒸好的鹿肉出锅即可。

6. 龙眼珊瑚鹿肉

（1）原料　鹿肉250克，鹌鹑蛋200克，胡萝卜250克，猪肉500克，鸡腿500克，辣椒20克，酱油8克，精盐8克，料酒200克，白酒10克，味精10克，胡椒粉10克，花椒15克，姜10克，淀粉4克，香油10克，猪油（炼制）40克。

（2）做法　将肋条鹿肉切成4厘米见方的块，用水泡洗2次；将猪肉切块和鸡骨一起用开水汆一下，泡出血水；将鹌鹑蛋煮熟去壳，切开；将胡萝卜去皮切段，再削成扁球，用开水焯熟，清水泡凉；将锅内油烧至六成热，放入鹿肉炸后捞出；在铝锅底放鸡骨，用纱布将鹿肉包成两包，放在鸡骨上，然后再放猪肉，加汤、酱油、料酒、胡椒粉，烧开，撇去浮沫，放干辣椒、姜、葱用小火烧至鹿肉熟为止；将锅内的干辣椒、姜、葱拣出来，将鹿肉包解开，放在碟中间；将鹌鹑蛋、胡萝卜球烧入味，摆在鹿肉周围，在鹿肉原汤内下味精、水淀粉，收浓后，加香油，浇在鹿肉上即可。

7. 丁香鹿肉

（1）原料　鹿腿肉、丁香、酱油、料酒、精盐、姜、味精、淀粉、酱油、料酒、色拉油各少许。

（2）做法　丁香鹿肉中的鹿肉要选择鹿腿肉，鹿腿肉肉质细腻、纹理均匀，食用入味，口感好。丁香有较强的气味，它有去油腻的作用，一般放上四五粒就可以达到效果。将葱和鲜姜放在鹿肉上，调上一点汤汁，用酱油、料酒、盐烧开后倒入盛鹿肉的碗内，使鹿肉刚好浸泡在汤汁中。然后蒸40分，使汤味、丁香味、葱味和姜味都融汇到鹿肉里。这时，把鹿肉的调料都去掉，碗中只剩下鹿肉，然后把过屉的汁水沥净，把鹿肉反扣在一菜碟中，撒上绿色的香菜。再用蚝油、味精、淀粉、酱油、料酒、色拉油烧开调成浓汁，然后把它浇在鹿肉上，鲜香醇郁、食之不腻的丁香鹿肉就做成了。

8. 鹿肉丁

（1）原料　鹿肉180克，笋丁50克，油40克，蛋清15克，水团粉25克，白糖10克，精盐少许，味精1.5克，料酒10克，醋少许，酱油少许，辣油少许，辣豆瓣酱少许，高汤少许。

（2）做法　把鹿肉切成1厘米见方的肉丁。将鹿肉丁用蛋清、水团粉、盐浆好，再用辣豆瓣酱抓一抓，用温油滑开；笋丁用水汆一下。将白糖、醋、盐、酱油、味精、料酒、水团粉、高汤对成汁。锅打底油，倒入主、副料翻炒几下，再倒入对好的汁翻炒几下，加入辣油出锅即成。

9. 秘制瓦罐鹿肉

（1）原料　鹿肉350克，桂圆10克，山药5克，莲子5克，大枣15克，枸杞3克，精盐3克，味精2克，料酒5克，白砂糖5克。

（2）做法　将鹿肉切成小块，用清水漂去血水，焯水。桂圆去皮取肉，莲子泡发。将鹿肉、桂圆、山药、莲子、大枣、枸杞放入炖盅内，加入高汤，急火开锅，慢火炖2小时，放入调料即成。

10. 酱鹿肉

（1）原料　净鹿肉500克，老酱汤1 000克，蚝油5克，辣酱油5克，味精3克，料酒3克，精盐3克，白胡椒3克，白糖10克，葱、姜、蒜粒各10克，香油5克。

（2）做法　将鹿肉洗净，切成两块，进行焯水过凉。酱锅上火，加入老酱汤，调入蚝油、辣酱油、味精、料酒、精盐、白胡椒、白糖，放入鹿肉烧开后改用小火煮熟、煮透关火，原汤浸泡半小时捞出放凉，抹上香油，食用时切薄片码入盘内即可。鹿肉使用时必须要煮透；酱制时原汤浸泡，泡透入味。

11. 烤鹿肉

（1）原料　鹿肉 1 500 克，洋葱、胡萝卜、芹菜各少许，精盐、味精、白兰地酒、胡椒粉、素油各少许。

（2）做法　将鹿肉剔除杂质，洗净后切大块，放盆内。将洋葱、胡萝卜分别去杂洗净切片，芹菜去杂洗净切段，都放入鹿肉盆内。加入精盐、味精、白兰地酒、胡椒粉，腌渍 4 小时。将腌好的鹿肉放入烤盘内，加入少许水和油，上炉烤至鹿肉呈红褐色熟烂取出，改刀装盒，浇上烤盘中原汁即成。

12. 辣鲜露炸鹿肉丝

（1）原料　里脊鹿肉 300 克，洋葱丝 25 克，青红椒 10 克，辣鲜露 6 克，味精 2 克，白糖 3 克，白芝麻、嫩肉粉、精盐、老抽各少许，鸡蛋 1 枚。

（2）做法　将鹿肉里脊改刀成丝状入盛器，加入鸡蛋、嫩肉粉、老抽生粉上浆待用。锅中放油至七成热时，将浆好的鹿肉丝拍上生粉投入锅中炸至金黄色取出沥油。锅中倒入辣鲜露、白糖、味精，对成汁后，即可倒入洋葱丝、青红椒丝及炸鹿肉丝，快速翻炒装盘，上面撒上白芝麻即可。

13. 汉方炖鹿脯

（1）原料　鹿里脊肉 500 克，水发白木耳 100 克，野生黑木耳 100 克，大枣 12 颗，黄芪 10 克，枸杞 5 克，葱段、姜片、鸡精、绍酒、葱花、鸡油、酱油、精盐各少许。

（2）做法　鹿里脊肉切成 1 厘米方块，挤去水后，用凉水冲洗干净。选气锅一只，底下放入黑木耳、白木耳，上面放鹿肉，投入中药材原料，注入清汤，加葱段姜片和调味品。蒸 90 分后，捞去葱段姜片，淋少许鸡油，撒少许葱花即可。

14. 干炸脆椒鹿肉

（1）原料　鹿里脊肉 250 克，脆干椒、碎花生、葱、姜、香茅、干葱头、香菜、黄姜粉、花椒、咖喱粉、生抽、味精、精盐、砂姜粉各少许。

（2）做法　将鹿肉切成长 5 厘米，宽 2.5 厘米的长方块，将姜干、干葱头、香茅、香菜加入清水捣烂，再加入调味料放入切好的肉片，腌制 30 分。旺火热锅放入食用油加热至五成油温，将腌好的鹿肉片炸至浅黄色捞起，控干油分。锅中入脆干椒、碎花生，放入炸好的鹿肉片翻炒几下即可。

15. 茶树菇炒鹿柳

（1）原料　鹿柳、老干妈香辣酱、黄油、味精、胡椒粉、精盐、鸡精等。

（2）做法　先把鹿柳腌制，将茶树菇烧制，红黄椒切成条形，将鹿柳滑油出锅，放入葱、姜煸炒后将茶树菇一起放入烧热即成。

16. 冬笋鹿肉丝

（1）原料　鹿肉200克，冬笋50克，蛋清1个，熟猪油500克（实耗30克），精盐3克，味精1克，料酒10克，湿淀粉10克，香油5克。

（2）做法　将鹿肉洗净，切成细丝，装到碗中，放入蛋清和湿淀粉，抓匀上浆；冬笋去皮，洗净，也切成细丝，投到开水锅中焯烫断生，捞出，控净水；将锅架在火上，放油烧至五成热，下入浆好的鹿丝，用铁筷划开，滑炸2～3分，滑炸至八成熟，捞出控油；原锅留适量底油烧至七成热，先下笋丝煸炒几下，再放回鹿肉丝同炒均匀，烹入料酒略焖，放精盐和味精，淋入香油，颠翻均匀，盛到盘内即成。

17. 干炸鹿肉

（1）原料　鹿里脊肉750克，葱、姜、香菜各10克，干葱、香茅、椒米各8克，八角3粒，黄姜粉3克，花椒2克，咖喱粉4克，生抽25克，椰浆40克，清水50克，湿生粉30克，味精10克，精盐8克，槟榔酒10克，香油20克，五香粉、砂姜粉适量，棕油1.5千克（实耗150克）。

（2）做法　将鹿肉切成长5厘米、宽2.5厘米的长方块，将上列调味料加清水捣烂成浆，加入鹿肉块腌制30分后，沥干汁水。旺火热锅，倒入棕油加热至五成热，入鹿肉块浸炸至熟透、身硬，呈浅黄色捞起，沥干油分装盘即可。

18. 鸡蛋鹿肉

（1）原料　鹿肉500克，鸡蛋2枚，花生油500克（实耗60克），熟鸡油10克，葱段10克，姜片10克，精盐6克，料酒15克，淀粉20克，面粉20克。

（2）做法　将鹿肉用水洗净，切成大块，放到冷水锅内（水没过鹿肉）加热烧开，用中火煮沸20分左右至五成熟时，捞出，晾凉，切成大片，再码到碗内，加部分精盐、料酒、葱段、姜片、熟鸡油，上屉，架在水锅上用旺火、沸水足气蒸0.5小时左右，蒸至酥软；将鸡蛋磕开，分出蛋清、蛋黄，分别放入两个碗中，各加淀粉、面粉及精盐，用力搅拌成为蛋黄糊和蛋清糊；将锅架在火上，放油烧至五成热，将蒸好的鹿肉分成2份，先用一份蘸满蛋清糊下到锅中，用手勺推开后，滑炸 1 ～ 2 分，炸至表面发挺、呈现白色时，捞出控油(油要洁净，炸的时间不宜长，不可炸黄)；另一份鹿肉蘸满蛋黄糊，下到油锅中炸 2 ～ 3 分，炸至外表凝结、呈现金黄色时捞出，控油；然后将两色鹿肉分别切成条，分开码到盘中即成。

19. 鹿肉丸子汤

(1)原料　鹿肉 150 克，生蘑菇 50 克，蒜末 3 克，葱 10 克，植物油 25 克，鸡蛋 1/3 枚，面粉 10 克，柿子椒 15 克，胡萝卜 15 克，胡椒粉 0.3 克，酱油 10 克，精盐 2 克。

(2)做法　把鹿肉剁成肉泥。把生蘑菇和葱各剁碎一半，把另一半切成 2.5 厘米长的段。把胡萝卜切成厚 0.2 厘米的齿轮模样，把柿子椒切成长 2.5 厘米的三角形。在鹿肉里放入蘑菇末、葱末、蒜末、面粉、鸡蛋清、胡椒粉、精盐拌匀，然后做成直径为 1.8 厘米的丸子。这个丸子的一部分用植物油炸开，剩下的部分或蒸或煮。在放入植物油的小锅中，将柿子椒和葱段炒一下，然后倒入汤继续煮。待汤煮开后放入胡萝卜和丸子，用酱油调味后继续煮，最后用胡椒粉入味，盛到汤碗里即可。

20. 牛奶鹿肚

(1)原料　熟鹿肚 500 克，鲜牛奶 1 000 克，精盐、味精、黄酒、葱、姜各适量，熟油 10 克。

(2)做法　将鹿肚切成 1.5 厘米、宽 2.5 厘米长的条状，与牛奶一同倒入锅内，用小火煮 30 分至肚烂软。将锅烧热，加入油少许，待六成热时，将鹿肚条捞出，与葱、姜、黄酒、精盐等一同放锅内翻炒几下，加入味精、熟油拌匀，起锅盛盘中即可食用。

21. 鹿鞭壮阳汤

(1)原料　猪肘肉 500 克，肥母鸡 500 克，马鹿鞭 1 条或梅花鹿鞭 2 条，枸杞 15 克，山药 200 克，料酒 30 克，胡椒粉 2 克，味精 1 克，花椒 3 克，精盐 3 克，姜 35 克，葱 30 克。

(2)做法　鹿鞭用温水发透，刮去粗皮杂质，剖开，洗净后切成 3 厘来长的段。母鸡肉切成条块，猪肘洗净，山药润软后切成 2 厘米厚的瓜子片，枸杞去杂质，待用。锅内倒入清水，放入姜、葱、料酒和鹿鞭，用武火煮 15 分，捞出鹿鞭，原汤暂不用。如此 3 次。用砂锅置火上，加入适量清水，放入猪肘肉、鸡块、鹿鞭，用武火烧开，除去浮沫，加入料酒、葱、姜、花椒，用文火炖 2.5 小时，除去姜、葱，将猪肘肉捞出做他用。将山药、枸杞、精盐、胡椒粉、味精放入锅中，改用武火炖至山药酥烂。用碗一个，先捞出山药铺底，上盛鸡肉块、鹿鞭、枸杞，随后倒入原汤即成。每日 1 次，佐餐食用。

22. 三珍汤

（1）原料　鹿肉 100 克，海参 100 克，猴头菇 75 克，料酒 10 克，精盐 3 克，味精 2 克，鸡精 3 克，姜汁 10 克，葱汁 10 克。

（2）做法　猴头蘑洗净泡透，切片；鹿肉切片；海参切片；海参入沸水锅中焯透捞出；锅内加入高汤，下入猴头蘑、鹿肉片烧开，撇去浮沫；加入海参及料酒、精盐、鸡精、葱姜汁烧开，用小火煮至软烂；再撇净浮沫，加味精调味即成。

23. 人参鹿肉汤

（1）原料　鹿肉 250 克，人参 5 克，黄芪 5 克，白术 3 克，芡实 5 克，枸杞 5 克，茯苓 3 克，熟地黄 3 克，肉苁蓉 3 克，肉桂 3 克，白芍 3 克，益智仁 3 克，仙茅 3 克，泽泻 3 克，酸枣仁 3 克，山药 3 克，远志 3 克，当归 3 克，菟丝子 3 克，怀牛膝 3 克，淫羊藿 3 克，生姜 3 克。

（2）做法　将鹿肉洗净，略烫，切成小块，骨头拍破，21 味中药洗净，切片，一并装入纱布袋内，扎紧袋口。鹿肉、骨头和药袋同放在砂锅内，加入清水，高出肉面，酌加适量葱、姜、精盐和胡椒粉。先用武火煮沸，再用文火煨炖，以鹿肉熟烂为度。捞去药袋，酌加味精。

24. 鹿肉黄芪汤

（1）原料　鹿肉 120 克，切块，黄芪 30 克，大枣 10 个。

（2）做法　加水煎煮，煮至肉熟透，饮汤食肉。

25. 鹿肉杜仲汤

（1）原料　鹿肉 120 克，切块，杜仲 12 克。

（2）做法　加水煎煮，煮至肉熟透，稍加精盐、胡椒粉调味。饮汤食肉。

六、冷冻肉

冷冻肉是指宰杀鹿肉后经预冷排酸，急冻使得深层肉温达－6℃以下，继而在－18℃以下（肉中 80％以上的水分形成冰结晶）储存的肉品，见图 59。优质冷冻肉一般在－40～－28℃急冻，肉质、香味与新鲜肉或冷却肉相差不大。

当低于－40℃下冷冻，肉质、香味会有较大差异，这也是大多数人认为冷冻肉不好吃的原因。

肉中微生物物质代谢过程中各种生化反应随着温度降低而减缓，因而微生物的生长繁殖就逐渐减慢。温度下降至冷冻点以下时，微生物及其周围介质中水分被冷冻，使细胞质黏度增大，电解质浓度增高，细胞的pH和胶体状态改变，使细胞变性，加之冷冻的机械作用使细胞膜受损伤，这些内外环境的改变是微生物代谢活动受阻或致死的直接原因。低温对酶并不起完全的抑制作用，酶仍能保持部分活性，因而催化作用实际上也未停止，只是进行得非常缓慢而已。一般在－18℃即可将酶的活性减弱到很小。因此低温储藏能延长肉的保存时间。

图59　鹿肉预冷排酸

（一）冷冻

1. 肉冷冻前处理

可以将胴体劈半后直接包装，也可以将胴体分割、去骨、包装、装箱，还可以胴体分割、去骨，然后装入冷冻盘冷冻。

2. 冷冻过程

一般肉类冰点为－2.2～－1.7℃。达到该温度时肉中的水即开始结冰。在冷冻过程中，首先是完成过冷状态。肉的温度下降到冻点以下也不结冰的现象称作过冷状态。在过冷状态，只是形成近似结晶而未结晶的凝聚体。这种状态很不稳定，一旦破坏（温度降低到开始出现冰核或振动的促进），立即放出潜热向冰晶体转化，温度会升到冷冻点并析出冰结晶。降温过程中形成稳定性晶核的温度，或开始回升的最低温度称作临界温度或过冷温度。鹿肉的过冷温度为－5～－4℃。肉处在过冷温度时水分析出形成稳定的凝聚体，随之上升到冷冻点而开始结冰。

冷冻时肉汁形成的结晶，主要是由肉汁中纯水部分所组成。其中可溶性物质则集中到剩余的液相中。随着水分冷冻，冰点下降，温度降至－10～－5℃时，组织中的水分有80%～90%已冷冻成冰。通常将这以前的温度称作冰结晶的最大生成区。温度继续降低，冰点也继续下降，当达到肉汁的冰晶点，则全部水分冷冻成冰。肉汁的冰晶点为－65～－62℃。

3. 冷冻速度

一般在生产上冷冻速度常用所需的时间来区分。如中等肥度半胴体由0～4℃冷冻至－18℃，需24小时以下为快速冷冻；24～48小时为中速冷冻；若超过48小时则为慢速冷冻。

肉的冷冻过程首先是肌细胞间的水分冷冻并出现过冷现象，而后细胞内水分冷冻。这是由于细胞间的蒸汽压小于细胞内的蒸汽压，盐类的浓度也较细胞内低，而冰晶点高于细胞内的冰点。因此，细胞间水分先形成冰晶。随后在结晶体附近的溶液浓度增高并通过渗透压的作用，使细胞内的水分不断向细胞外渗透，并围绕在冰晶的周围使冰晶体不断增大，而成为大的冰颗粒。直到温度下降到使细胞内部的液体冷冻为冰结晶为止。

快速冷冻和慢速冷结对肉质量有着不同的影响。慢速冷冻时，在最大冰晶体生成带（－5～－1℃）停留的时间长，纤维内的水分大量渗出到细胞外，使细胞内液浓度增高，冷冻点下降，造成肌纤维间的冰晶体愈来愈大。当水转变成冰时，体积增大9%，结果使肌细胞遭到机械损伤。这样的冷冻肉在解冻时可逆性小，引起大量的肉汁流失。因此慢速冷冻对肉质影响较大；快速冷冻时温度迅速下降，很快地通过最大冰晶生成带，水分重新分布不明显，冰晶形成的速度大于水蒸气扩散的速度，在过冷状态停留的时间短，冰晶以较快的速度由表面向中心推移，结果使细胞内和细胞外的水分几乎同时冷冻，形成的冰晶颗粒小而均匀，因而对肉质影响较小，解冻时的可逆性大，汁液流失少。

肉的冷冻最佳时间，取决于屠宰后肉的生物化学变化。在尸僵前、尸僵中及解僵后分别冷冻时，肉的品质和肉汁流失量不同。尸僵前冷冻，由于肌肉的ATP、糖原、磷酸肌酸、肌动蛋白含量多，乳酸、葡萄糖少，pH高，肌肉表面无离浆现象，肌原纤维结合紧密，肌微丝排列整齐，横纹清晰，这时快速冷冻，冰晶形成小且数量多，存在于细胞内。当缓慢解冻时可逆性大，肉汁流失少。但急速解冻会造成大量汁液流失。

尸僵前冷冻，短时间储藏后，解冻时肉缺乏坚实性和风味，有待解冻后成熟时改善。

尸僵中冷冻，由于肉持水性低，易引起肉汁流失。对不同时间冷冻比较其品质发现：宰后 1 天冷冻的肉最好，冷冻 3 天的较好，以后质量下降。解僵后冷冻，由于持水性得到部分恢复，硬度降低，肉汁流失较少，并且比尸僵肉在解冻后解体处理时容易分割。

4. 冷冻工艺

冷冻工艺分为一次冷冻和二次冷冻。

（1）一次冷冻　宰后鲜肉不经冷却，直接送进冷冻间冷冻。冷冻间温度为－ 25℃，风速为 1 ～ 2 米 / 秒，冷冻时间 16 ～ 18 小时，肉体深层温度达到－ 15℃，即完成冷冻过程，出库送入冷藏间储藏。

（2）二次冷冻　宰后鲜肉先送入冷却间，在 0 ～ 4℃温度下冷却 8 ～ 12 小时，然后转入冷冻间，在－ 25℃条件下进行冷冻，一般 12 ～ 16 小时完成冷冻过程。

一次冷冻与二次冷冻相比，加工时间可缩短约 40%，减少大量的搬运，提高冷冻间的利用率，干耗损失少。但一次冷冻对冷收缩敏感的牛、羊肉类，会产生冷收缩和解冻僵直的现象，故一些国家对牛、羊肉不采用一次冷冻的方式。二次冷冻肉质较好，不易产生冷收缩现象，解冻后肉的保水力好，汁液流失少，肉的嫩度好。

（二）冷冻肉冷藏

冷冻肉冷藏温度通常保持在－ 23 ～－ 18℃，相对湿度 90% ～ 95%，保存 9 ～ 12 个月。在正常情况下温度变化幅度不得超过 1℃。在大批进货、出库过程中一昼夜不得超过 4℃。冷冻肉类的保藏期限取决于保藏的温度、入库前的质量、种类、肥度等因素，其中主要取决于温度。因此对冷冻肉类应注意掌握安全储藏，执行先进先出的原则，并经常对产品进行检查。

（三）冷冻肉的解冻

1. 空气解冻法

将冻肉移放到解冻间，靠空气介质与冻肉进行热交换解冻。一般把在 0 ～ 5℃空气中解冻称为缓慢解冻，在 15 ～ 20℃空气中解冻称为快速解冻。

2. 液体解冻法

主要用水浸泡或喷淋。其优点是解冻速度较空气解冻快。缺点是耗水量大，同时还会使部分蛋白质和浸出物损失，肉色淡白，香气减弱。水温越高，解冻时间越短。解冻后的肉，因表面湿润，需放在空气温度1℃左右的条件下晾干。如果封装在聚乙烯袋中再放在水中解冻则可以保证肉的质量。在盐水中解冻，盐会渗入肉的浅层。腌制肉的解冻可以采用这种方法。

3. 蒸汽解冻法

将冻肉悬挂在解冻间，向室内通入水蒸气，当蒸汽凝结于肉表面时，将解冻室的温度由4～5℃降低至1℃，并停止通入水蒸气。这种方法的优点在于解冻的速度快，但肉汁损失比空气解冻大得多。然而肉的重量由于水汽的冷凝会增加0.5%～4.0%。

4. 微波解冻法

微波解冻是将－42～－18℃的冷冻品利用微波能进行穿透性快速加热，使冷冻品内外同时解冻升温到－2℃的不滴水状态。微波解冻可使解冻时间大大缩短，同时能够减少肉汁损失，改善卫生条件，提高产品质量。此法适于1/2或1/4胴体的解冻。具有等边几何形状的肉块利用这种方法效果更好。微波解冻可以带包装进行，但是包装材料应符合相应的电容性和对高温作用有足够的稳定性。最好用聚乙烯或多聚苯乙烯，不能使用金属薄板。

5. 真空解冻

利用真空中水蒸气在冷冻食品表现凝结所放出的潜热解冻。其优点是肉表面不受高温介质影响，而且解冻快。解冻中减少或避免了肉的氧化变质，解冻后汁液流失少，没有干耗，解冻过程均匀。其缺点是解冻肉质外观不佳，成本高。

解冻肉的质量与解冻速度和解冻温度有关。解冻温度越高，解冻速度越短，耗损越大。肉的保藏时间越长，解冻温度越高，肉汁的损失也越大。

七、冰鲜肉

冰鲜肉是指宰后胴体迅速进行冷却处理，使胴体温度在24小时内降为0～4℃并在后续的分割包装、流通和零售等过程中始终处于0～4℃的生鲜肉，见表51。

表51　冰鲜肉生产工艺

项目	宰后胴体→快速冷却→分割剔骨→包装→冷藏→运输→超市零售					
环境温度(℃)	—	0～4	8～12	8～12	0～4	≤7	≤7

续表

项目	宰后胴体→快速冷却→分割剔骨→包装→冷藏→运输→超市零售						
允许时间(小时)	24	0.5	0.5	24	—	48	

冰鲜肉的整个过程在低温下操作，可以抑制有害细菌的繁殖；使破裂细胞流出来的胞内消化酶的酶活性降低等；有利于保持肉质的鲜美、肉类的营养成分不被破坏。保质期长，一般热鲜肉保质期只有 1 ～ 2 天，而冰鲜肉的保质期可达到 1 周以上。同时冰鲜肉在冷却环境下表面形成一层干油膜，能减少水分的蒸发，阻止微生物的侵入和在肉表面的繁殖。冰鲜肉不必解冻，食用方便。加工需要的生产设备要求高，基本上是大型肉类加工厂才有实力，这样冰鲜肉的质量能够得到很好的控制。冰鲜肉具有安全卫生，滋味鲜美，口感细嫩，营养价值高，经济、实惠、方便等优点，深受广大消费者的欢迎，发展势头迅猛，必将成为 21 世纪中国生鲜肉消费的主流和必然的发展趋势。

八、鹿肉干

鹿屠宰后，立即将肌肉分解成 1 ～ 2 千克的块状，连同骨骼一起放在锅中水煮，当煮至骨肉分离时将肉捞出，汁液备用。将煮熟的肌肉切成 2 ～ 3 厘米的薄片，或 3 厘米 ×5 厘米的小块，或撕成拇指粗细的肉条，连同煮肉汁液一同放在锅内炒干，或用煮肉汁浸渍，然后放在烘干箱内烘烤至干或风干。

Ⅲ 鹿　血

一、鹿血化学成分及其药理作用

（一）鹿血化学成分

鹿血含水 80%～ 81%，有机物占 16%～ 17%。

其中主要有蛋白质，含白蛋白及球蛋白，特别是球蛋白含量较高。蛋白质中有 18 种氨基酸，尤以胱氨酸、赖氨酸含量高。含有多种酶类，尤以超氧化物歧化酶、谷胱甘肽氧化酶等抗衰老作用的酶类多而含量高。

固醇类，糖脂类。

磷脂类主要有磷脂酰乙醇氨、磷脂酰胆碱、溶血磷脂酰胆碱、神经磷脂（神经鞘磷脂）等。游离脂肪酸，如硬脂酸、亚麻酸及亚油酸、油酸。

多种激素，如血清睾酮、雌二醇、黄体酮、皮质醇等。

嘌呤类有黄嘌呤、次黄嘌呤、腺嘌呤及鸟嘌呤等。

维生素类有维生素 E、维生素 A、维生素 D、维生素 B_1、维生素 B_2、维生素 B_6、维生素 K 等；多糖类。灰分占 3%～4%。

含多种矿物质有益微量元素，有锗、硒、锌、镁、锂、镍、锰、铜、铁、钙、磷、硼、钡、钾、钠、铝等。

在鹿血含水 1.7%时，其蛋白质含量达 95.8%，磷 59.2 毫克 / 克，铁 250 毫克 / 克。干鹿血氨基酸含量比茸血高 24.70%。1 升鹿血要比一副标准的梅花鹿二杠茸所提供的生物活性物质多。

（二）鹿血药理作用

1. 抗衰老

口服鹿血增加机体磷脂酰乙醇胺、磷脂酰胆碱、溶血磷脂酰胆碱、神经磷脂及次黄嘌呤，抑制丙二醛（MAO）的活性，减少体内自由基的形成。口服鹿血能提高血清睾酮的含量，不仅能提高机体的性功能，保护副性征，还能在多种氨基酸的参与下促进蛋白质的合成，增加脑、肝等组织的蛋白质含量。在钙、磷、铜等参与下加速钙的沉积，有壮骨、防止牙齿松动及脱落的功能。

2. 补血

口服鹿血对失血性贫血有明显的补血作用；对抗癌药物环磷酰胺所致的骨髓抑制，有明显的增升白细胞及血小板的作用；对盐酸苯肼溶血性贫血有保护作用。

3. 抗辐射

通过动物实验证实，口服鹿血对 Co^{60} 辐射有明显的保护作用。

4. 抗疲劳

给小鼠每天按 20 毫升 / 千克体重量灌胃鹿血，连续 7 天，然后使小鼠爬杆及游泳，明显延长小鼠爬杆及游泳时间。口服鹿血有明显的抗疲劳作用。

5. 中枢神经抑制

给小鼠按每天 20 毫升 / 千克体重量口服鹿血，对照组灌喂同体积的生理盐水，连续15天。结果表明，长期口服鹿血有极明显的中枢神经抑制作用。

6. 性激素

给未成年正常小鼠及去势成年鼠，按每天20毫升/千克体重量灌喂鹿鲜血，对照组灌喂同体积生理盐水，连续20天。结果表明，口服鹿血能促进性器官生长，但幼年鼠不如去势鼠明显。长期口服鹿血有性激素样作用。

7. 免疫功能

口服鹿血能增强小鼠网状内皮吞噬功能，有提高免疫功能的作用。

二、鹿茸血化学成分及其药理作用

（一）鹿茸血化学成分

鹿茸血其重量为鲜茸总重的5%左右。鹿茸血的化学成分与干鹿茸内的化学成分相似，但鹿茸血中激素含量高于鹿茸激素含量。

茸血中富含19种氨基酸，总氨基酸为94.27%。其中胱氨酸、赖氨酸、亮氨酸这3种氨基酸占总氨基酸的百分比分别为14.56%、11.7%和10.30%；胱氨酸含量为鹿茸的7倍以上。鹿茸血和鹿全血具有同样的生物活性。

茸血中含7种脂肪酸，总脂肪酸为86.09%。

茸血中维生素A含量为9.33%。

茸血中含有22种无机元素，其中包括人体必需的各种微量元素。

中药入药时用鹿茸血居多。人们普遍认为鹿茸血较鹿体血的功效好，但鹿茸血和鹿体血都含有人体必需微量元素，只是在无机元素含量组成上有一定的差异，其中，鹿体血中的钙和磷含量明显高于鹿茸血，而鹿茸血中锌的含量则比鹿体血高，鹿体血中铜、锌比值均很低，当铜、锌比值大于2.0时可致支气管癌、肉瘤、白血病等。鹿体血中铜、锌比值为0.17，可调节患者铜、锌比值从2.0降到0.90～1.27，能预防上述疾病，阴、阳两虚的病人铜、锌比值也较正常人高，故可考虑将鹿血用于补虚；鹿茸血在此方面没有明显的优势。鹿血样中检出3种前列腺素PGA、PGE、PGF2的同时也发现，鹿茸血中的前列腺素高于鹿体血；全血中的总磷脂含量要高于茸血中的总磷脂的含量；鹿茸血总脂肪酸含量（86.09%）大于鹿体血（85.74%），油酸、亚油酸和亚麻酸的含量为鹿体血（49.42%）大于鹿茸血（42.47%）；鹿茸血和鹿体血中维生素A、维生素B和维生素K含量均较高；单胺类物质在茸血中的含量高于全血，多胺类物质在全血中高于茸血；鹿茸血和鹿体血的水解氨基酸谱相似，但鹿茸血水解氨基酸总含量较鹿体血高约10%，且二者的游离氨基酸含量各有侧重。鹿茸血和鹿体血的激素含量有明显的差异，鹿茸血中黄体酮、皮质醇含量显著高于鹿体血，鹿体血的雌二醇含量稍高于鹿茸血，总体而言，鹿茸血的激素水平高于鹿体血。因此，要考虑用药的目的，具体选择符合自己身体要求的鹿茸血或者鹿体血。

（二）鹿茸血的药理作用

因为鹿茸血与鹿茸化学成分极为相似，所以其药理作用也有相似之处，诸如加速创伤愈合、促进新陈代谢及抗疲劳等作用。

三、加工方法

1. 鹿血酒加工

鹿茸血酒加工工艺流程：

鹿茸血→抗凝、脱纤→溶血→酶解→灭活酶→过滤→勾调→分装→成品。

可在鹿血中加入9倍量的50°白酒，装瓶密封，制成血酒；亦可将新鲜鹿血倒入瓷盘中，摊成薄薄的一层，在日光下晾晒，至全干酥碎时收集，或于50～60℃的烘箱中烘干，防止腐臭；也可把新鲜鹿血直接用冷冻干燥的方法加工成冻干血粉。

2. 鹿血粉

(1)烘干法　将采集的马鹿血，置于烘箱中升温至70℃烘烤至干。

(2)冷冻干燥法　将冻干箱预冷到－30～－25℃，取新鲜马鹿血迅速装盘入箱，制品速冻至－50℃以下后抽真空，冻干箱真空度达20帕以下后加热升华，升华过程冻干箱真空度始终控制在20帕以下。当制品温度接近干箱温度(40℃)、干箱真空度达2.7帕时出箱。

(3)超微粉碎　经烘干法和冷冻干燥法加工的鹿血，均采用超微粉碎技术进行粉碎，加工成鹿血粉。

Ⅳ 鹿　筋

鹿筋（图 60）是梅花鹿或马鹿四肢的肌腱，具有补劳损、续绝伤、壮筋骨等功效，应用于治疗劳损、风湿性关节痛、转筋和坐骨神经痛等症。

图 60　鹿筋

一、鹿筋的加工方法

1. 剔筋

（1）前肢剔筋方法

1）伸肌腱　在掌骨前侧于掌骨与肌腱之间挑开，向下至蹄冠，带 3 厘米皮肤切下，向上过腕关节，在筋膜终止处切下。

2）屈肌腱　在掌骨后侧，于掌骨与肌腱之间挑开，向下至蹄踵部，连同跗蹄、种籽骨一起切下；向上过腕关节，在筋膜终止处切下。

（2）后肢剔筋方法

1）伸肌腱　在蹠骨后与肌腱之间挑开，向下至蹄踵部，连同跗蹄和种籽骨切下；向上过飞关节，在筋膜终止处切下。

2）屈肌腱　在蹠骨前和肌腱之间挑开，向下至蹄冠部，带 3 厘米皮肤切下，向上过飞关节，在筋膜终止处切下。

（3）背最长肌剔筋方法　由颈根部开始，沿胸腰椎横突、棘突至荐椎处，取下两侧背最长肌，然后剔下这两块肌肉背面的筋膜。

2. 刮筋

将剔取的筋腱放在桌案上，逐层剥离，刮去残肉，连在长筋上的零碎肌肉暂不刮掉。将剔好的筋用清洁的冷水洗 2 ～ 3 遍后，放入水盆里置于阴凉处浸泡 2 ～ 3 天，每天早、晚各换水 1 次，直泡至筋腱上无血色，将残肉刮净，再用冷水浸泡 1 天，然后再刮 1 次。

3. 挂接

鹿筋通过上述加工后，将8根长筋分别放在桌案上拉直，再将零星的小块筋膜分成8份，分别附在8根长筋上，背部的筋膜分成4条，分别包在不带跗蹄的前肢伸肌腱和后肢屈肌腱上。阴干30分左右，把跗蹄和留皮处穿一个小孔，用细木棍穿上，挂起风干。经过一段时间风干后，挂在70～80℃的烘箱内，直到烘干为止。鹿筋干好后捆成小捆，放入烘干箱内烘干蹄与皮根，至全干时入库保存。

二、性状鉴别

《中药大辞典》上对鹿筋的性状进行了详细描述，具体如下：

1. 梅花鹿筋

梅花鹿筋呈细长条状，长25～43厘米，粗0.8～1.2厘米。金黄色或棕黄色，有光泽，半透明。悬蹄小，蹄甲黑色，光滑，呈稍狭长的半圆形，蹄垫灰黑色，角质化。蹄毛棕黄色或淡棕色，细而柔软。籽骨4块，关节面光滑，2、3籽骨似舌状，稍大，长1.2～1.4厘米，宽0.5～0.7厘米，1、4籽骨关节面均有一条棱脊，一侧斜面呈长条形，长0.9～1.1厘米，宽0.4～0.6厘米。质坚韧，难折断，气微腥，味淡。

2. 马鹿筋

马鹿筋呈细长条状，长37～54厘米，粗1.4～3厘米。红棕色或棕黄色，有光泽，不透明或半透明。悬蹄较大，蹄甲黑色，光滑，呈半圆锥状，顶部钝圆，蹄垫灰黑色，角质化。蹄毛棕黄色或棕色，稍柔软。籽骨4块，关节面光滑，2、3籽骨似舌状，稍大，长1.6～1.8厘米，宽0.8～1厘米，1、4籽骨关节面均有一条棱脊，一侧斜面呈长条形，长1.3～1.5厘米，宽0.7～0.9厘米，一侧斜面呈长条形，长1.3～1.5厘米，宽0.7～0.9厘米。质坚韧，气微腥，味淡。

V 鹿　　心

鹿心（图61）是指鹿的心脏，含有微量元素、氨基酸、脂肪酸、磷脂、维生素、前列腺素、激素和生物胺等多种活性成分，具有养血安神之功效，可用于治疗心悸不安、心昏惊怕、心虚作痛和心血亏损等病症。

图61　鹿心

加工方法：鹿屠宰后，剖开胸腔，靠近心房、心室结扎动静脉血管，在结扎上方切下，不使心内血液流失，直接鲜用或冷藏，也可挂在80～100℃烘箱中烘干备用。

VI 鹿　　尾

鹿尾（图62）在我国古代就已作为滋补强壮剂，含有睾酮、雌二醇、氨基酸及多种无机元素等活性成分，具有补肾阳、暖腰膝、益精气之功效，可用于治疗肾虚遗精、腰脊疼痛、头昏耳鸣等症。

鹿尾因鹿的种类不同，其形状、大小也不同。鹿尾是由9～12节尾椎骨、肌纤维、肌腱、脂肪、皮肤和尾毛组成。马鹿尾肥厚、较短、宽，尾尖部钝圆，是鹿尾中的佳品，而梅花鹿尾较长，呈锥形。母鹿尾较短，公鹿尾较长。

图 62　鹿尾（左为鲜鹿尾，右为加工品）

一、鹿尾的加工

1. 去毛

去毛是将鲜鹿尾放入盆内，用沸水烫至能拔掉尾毛时为止，取出后迅速拔掉尾毛，然后用镊子将绒毛拔净，用刀子将表皮刮干净。

2. 封口

以前对鹿尾封口，是把去毛的鹿尾尾根上多余的脂肪和残肉去掉，用线缝合尾根部皮肤即可。近年来，有人提出在取尾时，将尾皮留长些，去掉多余残肉、脂肪，再用铁夹夹住。这样就沿尾椎处将内外侧尾皮夹合在一起，干燥后将铁夹外部分切下即可。

3. 风干

鹿尾一般靠自然脱水风干，即挂在阴凉通风处风干。但是，在炎热的夏季，为防止其腐臭，也应不时地放入烘干箱内 50 ～ 60℃烘烤，每次时间不得超过 30 分。风干和保管期间要防止虫蛀。

4. 整形

梅花鹿尾无须整形，马鹿尾在半干时整形，使其边缘肥厚，背部隆起，腹面微凹陷。

二、鹿尾加工适期和保存方法

冬、春季加工鹿尾为佳，尾根呈紫红色，有自然皱折。一般储存于干燥处，防潮，防蛀。夏、秋季的鹿尾如果保存不好，常常会变成黑色。

三、鹿尾的规格等级

1. 马鹿尾

其干品共分 4 个等级。

一等：皮细，色黑有光泽，肥大肉厚，无残肉、残皮、臭味、夹馅、毛根和第一尾椎骨，不空心，不虫蛀，重量不低于 125 克。

二等：皮略粗，色黑，较短小，无臭味、夹馅，不空心，不虫蛀，重量 90 克以上。

三等：皮略粗，色黑，较细小，无臭味、夹馅，不空心，不虫蛀，重量 90 克以下。

四等：不臭，无虫蛀、夹馅，不符合一、二、三等标准的均为四等。

2. 梅花鹿尾

梅花鹿尾不分等级，以色黑亮、无臭味、无虫蛀、主根长圆饱满、尾肉多者为佳品，一般干重为 35 ～ 60 克。

Ⅶ 鹿　　鞭

鹿鞭（图 63）包括鹿的阴茎和睾丸，为长条状，顶尖有毛，为黄色或灰黄色，易断。以鹿肾为名始载于《名医别录》。具有补肾阳、益精血、强阳事之功能，用于劳损、腰膝酸痛、阳痿、遗精、不孕和慢性睾丸炎，也治肾虚耳鸣等。阴虚阳亢者慎用。

图 63　鹿鞭

一、鹿鞭的加工技术

公鹿被屠宰后，剥皮时取出阴茎和睾丸，用清水洗净，将阴茎拉长连同睾丸钉在木板上，放在通风良好处自然风干。也可用沸水浇烫一下后入烘箱烘干。加工后的鹿鞭用木箱装好，置于阴凉干燥处保存，防潮、防蛀。

二、鹿鞭的鉴别

《中药大辞典》上对鹿鞭性状的描述如下：

1. 梅花鹿鞭

阴茎类扁圆柱形，多为棕红色，全长 25 ～ 50 厘米，横径 1.2 ～ 2 厘米，一侧多有纵沟，两侧面光滑，半透明，可见明显斜肋纹。龟头类圆柱形，长 2 ～ 10 厘米，前端钝圆。包皮有的呈环状隆起，先端带有鹿毛。睾丸两枚，扁椭圆形，表面棕黄色至黑棕色，长 4.5 ～ 9.0 厘米，皱缩不平。质坚韧，不易折断，气微腥。

2. 马鹿鞭

阴茎呈两侧稍扁的长圆柱形，表面灰黄色至黄棕色，全长 25 ～ 60 厘米，横径 2 ～ 3 厘米，两侧中间有纵沟槽，半透明状，顶端包皮略呈囊状或卷曲成环套状隆起，前端带有棕黄色、黄白色或棕褐色丛生皮毛，龟头藏于包皮内或裸露，前端钝圆。包皮有的呈环状隆起，先端带有鹿毛。睾丸两枚，长椭圆形，棕褐色，长 11 厘米左右。质坚硬，不易折断，气腥。

Ⅷ 鹿　角

《中华人民共和国药典》里定义鹿角（图 64）为马鹿或梅花鹿已骨化的角或锯茸后翌年春季脱落的角基，分别习称“马鹿角”“梅花鹿角”（花鹿角）、“鹿角脱盘”。多于春季拾取，除去泥沙，风干。其性状特征如下所述。

梅花鹿角：通常分成 3 ～ 4 枝，全长 30 ～ 60 厘米，直径 2.5 ～ 5 厘米。侧枝多向两旁伸展，第一枝与珍珠盘相距较近，第二枝与第一枝相距较远，主枝末端分成两小枝。表面黄棕色或灰棕色，枝端灰白色。枝端以下具明显骨钉，纵向排成“苦瓜棱”，顶部灰白色或灰黄色，有光泽。

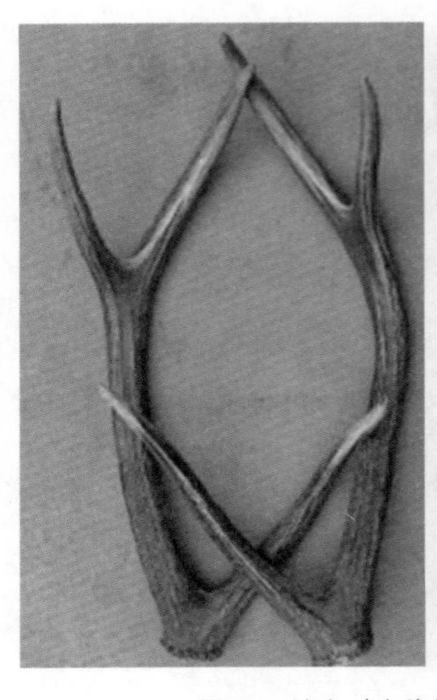
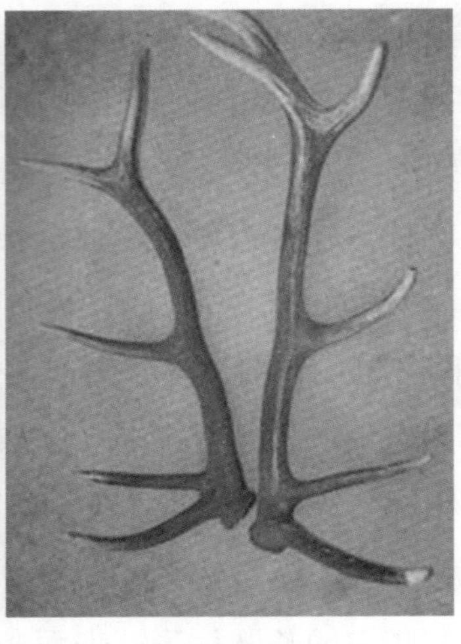

图 64　鹿角（左为梅花鹿角，右为马鹿角）

马鹿角：呈分枝状，通常分成 4 ～ 6 枝，全长 50 ～ 120 厘米。主枝弯曲，直径 3 ～ 6 厘米，基部盘状，上具不规则瘤状突起，习称“珍珠盘”，周边常有稀疏细小的孔洞。侧枝多向一面伸展，第一枝与珍珠盘相距较近，与主干几成直角或钝角伸出，第二枝靠近第一枝伸出，习称“坐地分枝”；第二枝与第三枝相距较远。表面灰褐色或灰黄色，有光泽，角尖平滑，中下部常具疣状突起，习称“骨钉”，并具长短不等的断续纵棱，习称“苦瓜棱”。质坚硬，断面外圈骨质，灰白色或微带淡褐色，中部多呈灰褐色或青灰色，具蜂窝状孔。无臭，味微咸。鹿角脱盘：呈盔状或扁盔状，直径 3 ～ 6 厘米(珍珠盘直径 4.5 ～ 6.5 厘米)，高 1.5 ～ 4 厘米。表面灰褐色或灰黄色，有光泽。底面平，蜂窝状，多呈黄白色或黄棕色。珍珠盘周边常有稀疏细小的孔洞。上面略平或呈不规则的半球形。质坚硬，断面外圈骨质，灰白色或类白色。鹿角中含有大量的钙、磷等无机元素和丰富的胶质及氨基酸等成分，具有温肾阳、强筋骨和行血消肿之功效，现代药理研究表明其具有抑制乳腺增生、抗骨质疏松和抗炎等药理作用。鹿角有 2 种加工产品即鹿角胶和鹿角霜。

一、鹿角胶

鹿角胶具有温补肝肾、益精养血的功效，可用于腰膝酸冷、阳痿遗精、虚劳羸瘦、崩漏下血、便血、尿血等症。阴虚阳亢者忌服。

鹿角胶的加工方法：将鹿角浸泡洗净直至去除腥味，锯成小段或直接粉碎，加水熬煮，水量是鹿角的 5 倍左右，每 8 小时取汁一次，补充水量再煮，至鹿角酥软手捏可成末为止。将提取液合并过滤浓缩成胶。冷凉后切小块，亦可将胶倒入凝胶槽内自然成形。熬好的鹿角胶呈棕红色或棕黄色、半透明。

二、鹿角霜

经提炼鹿角胶后所剩下的残渣，碾末成霜即为鹿角霜。具有补虚、助阳之效。治肾阳不足、腰脊酸痛、脾胃虚寒、崩漏带下和子宫虚冷等症。阴虚阳亢者忌服。

Ⅸ 鹿　　胎

《中药大辞典》定义鹿胎（图 65）为鹿科动物梅花鹿或马鹿的胎儿及胎盘，具有益肾壮阳、补虚生精之效，可治精血不足、腰膝酸软、妇女虚寒、崩漏带下和月经不调等症。以肥大完全、不腐烂、无毛、胎衣不破者为佳品。

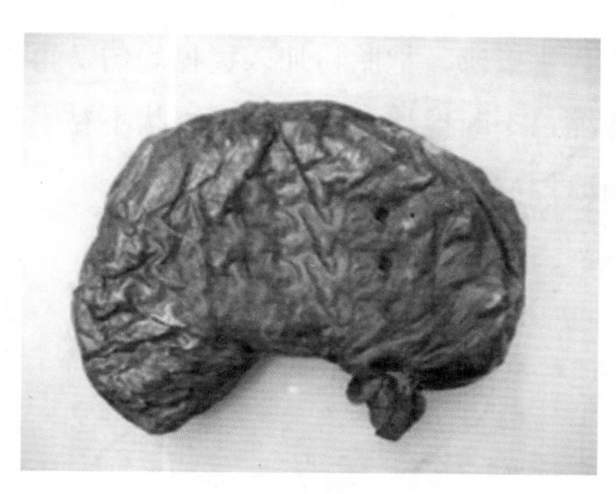

图 65　鹿胎

一、烤鹿胎的加工

将新鲜鹿胎调整为像在腹中的形状，然后用细绳或铁丝固定，放入烘烤箱内烘干，开始时的温度在 90 ～ 100℃，烘烤 2 小时左右。当胎儿的腹围膨大时用细竹签从肋间或腹侧扎孔放气，接近全熟时暂停烘烤。此时切勿移动触摸，否则会伤皮掉毛。冷凉后取出放在通风良好处风干。以后烘烤与风干交替进行，直至彻底干燥为止。干燥后将其妥善保存，防止潮湿发霉。

二、鹿胎的规格等级

一等：全胎呈垂胞状，黄褐色或浅红色，胎儿唇长，嘴尖，尾巴短，胎衣不破，味腥不臭，无毛成形的鹿胎。

二等：全胎呈垂胞状，黄褐色或浅红色，有斑点，胎儿唇长，嘴尖，尾巴短，胎衣不破，味腥不臭，15 千克以下有毛的鹿胎。

三、鹿胎膏的加工

鹿胎膏是指以鹿胎为主要原料加工而成的膏状药物。其熬制方法如下：

1. 煎煮

先用开水烧烫鹿胎，摘除被毛，用清水洗净放入锅内煎煮。当骨肉分离时，停止煎煮，将骨捞出，用纱布过滤胎浆，低温保存备用。

2. 烘干

将捞出的骨肉分别放入烘干箱内，80℃左右烘干。头骨和长轴骨可砸碎后再烘干，直至骨肉酥黄纯干为止。

3. 粉碎

将纯干的骨肉粉碎成 80 ～ 100 目的鹿胎粉，称重保存。

4. 熬膏

先将煮胎的原浆入锅煮沸，把胎粉加入搅拌均匀，再加比胎粉重 1.5 倍的红糖，用文火煎熬浓缩，不断搅拌，熬至呈牵缕状不黏手时出锅。倒入抹有豆油的瓷盘内，置于阴凉处，冷却后即为鹿胎膏。